图 1-1　染色面料

染料和纤维发生物理或化学结合，使纺织材料染上颜色。其中，活性染色的布料色牢度高，不易褪色，手感柔软、顺滑，有丝光，环保级别高。

图 1-2　印花面料

印花工艺是用染料或颜料在纺织物上施印花纹的工艺过程。印花布的图案各色各样，美丽大方，深受消费者的喜爱。其中，数码印花突破了传统印花的套色限制，能够灵活地创建色彩组合，快速变化颜色，轻松完成色彩渐变、云纹以及写实色彩的表现。数码印花图案不受颜色数目和网版套准误差的影响，图案色彩逼真，层次丰富。数码印花的高精度，能够实现写真图像和细节精致的设计与创作，为设计师进行观念设计与艺术创作提供了便利，丰富了服装中装饰图案的功能与意义。

纯亚麻数码印花——浪漫鹦花

纯苎麻数码印花——花香喜人

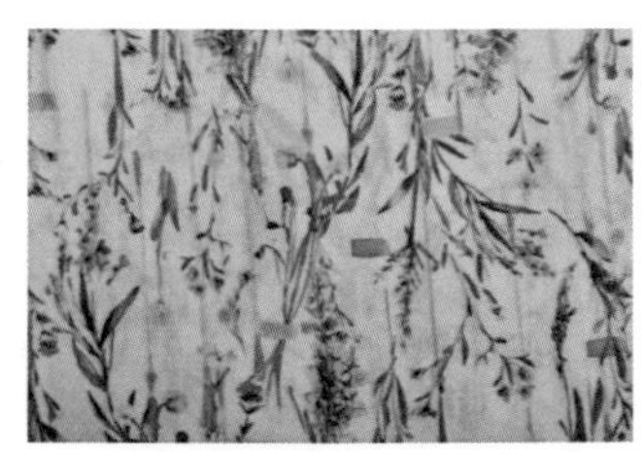

纯苎麻数码印花——凌草

纯苎麻数码印花——漫画

纯苎麻数码印花——原野

亚麻棉数码印花——荷

苎麻棉数码印花——万物归尘

纯苎麻数码印花——燕语

图 1-3　色织布

色织布是用染成两种或两种以上颜色的纱线织出来的面料；相比印染布，色织布具有色彩丰富、立体感强、色牢度高等特点。

亚麻段染竹节色织布　亚麻黑白格色织布　亚麻蓝灰色织布

亚麻色织红格布　亚麻色织绉褶薄纱　苎麻色织弹力布

苎麻色织咖啡色格布

苎麻绉纹色织布

图 1-4　提花面料

提花面料在制造时，利用经纬组织结构变化，经纱和纬纱相互交织沉浮形成不同的图案，最终形成花案，凹凸有致，其纱支精细且线密度极高。提花面料可以分为梭织提花、经编提花和纬编提花，其中纬编提花物横纵向弹性极好，而经编和梭织提花横纵向是没有弹性的。提花面料绚丽多彩，生动逼真，经过独特的提花工艺织造后，色彩非常丰富，能够织出花、鸟、鱼、虫、飞禽走兽等美丽图案，花型凹凸有致，立体感超强，档次更高。

亚麻棉本色树叶花提花布

亚麻棉本色提花布

亚麻棉浅绿色提花布

亚麻棉浅紫色提花布

图 1-5　绣花面料

绣花面料就是在染色加工后将电脑刺绣花的图案再加上去。由于绣花的种类繁多，能够绣出各种漂亮的花纹，深受消费者的青睐。绣花是指布织好后，图案是用机器（在一般情况下）绣上去的。与印花相比较而言，洗涤时不会褪色，透气吸湿性好。

白色亚麻绣花布

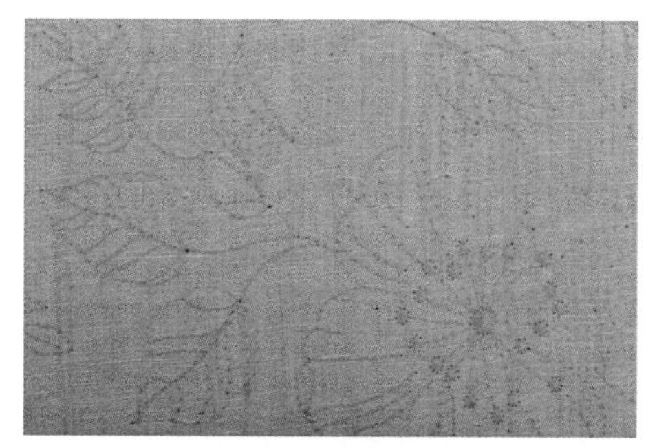

灰色苎麻绣花布

亚麻绣花布

亚麻黏胶绣花布

图 1-6　针织面料

针织面料是由纱线通过针织有规律的运动而形成线圈，线圈和线圈之间互相串套起来而形成。

针织物质地松软，除了有良好的抗皱性和透气性外，还具有较大的延伸性和弹性。

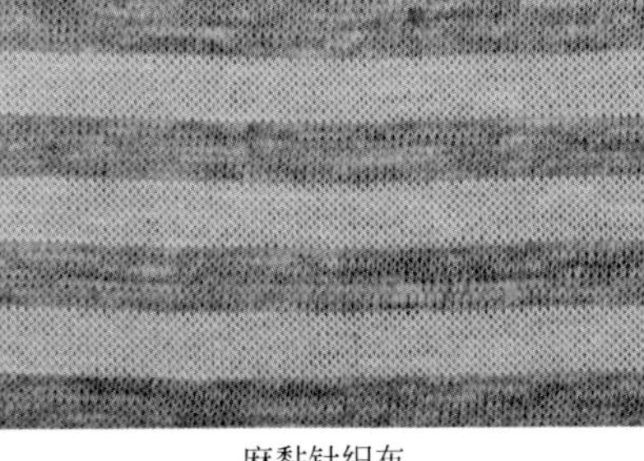
麻黏针织布

麻针织条纹布

亚麻棉针织条纹布

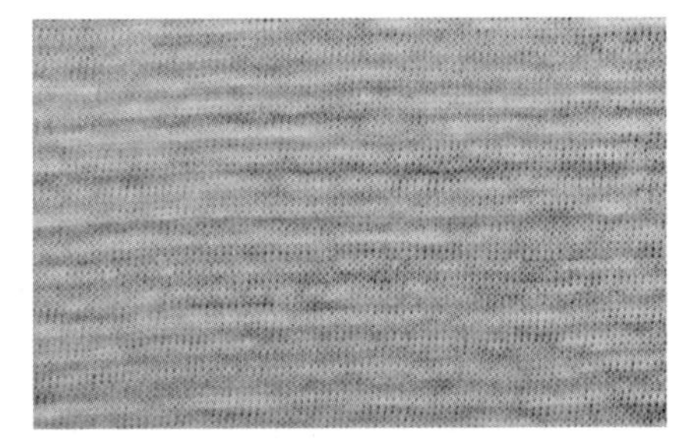
亚麻色织针织布

亚麻印花针织布

赵翰生　季卫坤　邢声远　编著

麻产品技术

纵览与展望

MACHANPIN JISHU
ZONGLAN YU ZHANWANG

化学工业出版社
·北京·

内容简介

中国麻产品的历史比丝绸更为悠久。中国麻产品的漫长历史、辉煌成就和发展历程，可以说是中华文明发展历程的一个缩影。麻纺织产业作为我国传统纺织行业中的重要分支，近年来正在快速发展，麻制品所蕴含的高品质、舒适性、保健性和绿色生态价值也越来越受到当下广大消费者的青睐。

本书从科学性、知识性和实用性出发，对我国麻纺织产业的历史，麻类作物资源、分布和药用价值，麻纺织初加工、主要生产技术和产品，以及我国麻纺织生产现状与未来麻产品的创新与发展等进行了阐述。可供从事麻类植物种植、麻产品加工与生产企业技术人员、管理人员以及服装设计、营销人员阅读，也可供广大纺织、服装专业在校师生参考。

图书在版编目（CIP）数据

麻产品技术纵览与展望/赵翰生，季卫坤，邢声远编著.—北京：化学工业出版社，2020.10

ISBN 978-7-122-37322-9

Ⅰ.①麻… Ⅱ.①赵… ②季… ③邢… Ⅲ.①麻织-概况-中国 Ⅳ.①TS125

中国版本图书馆CIP数据核字（2020）第122014号

责任编辑：朱 彤　　装帧设计：刘丽华

责任校对：张雨彤

出版发行：化学工业出版社（北京市东城区青年湖南街13号 邮政编码100011）

印 装：北京盛通商印快线网络科技有限公司

710mm×1000mm 1/16 印张10 彩插3 字数188千字 2021年5月北京第1版第1次印刷

购书咨询：010-64518888　售后服务：010-64518899

网 址：http://www.cip.com.cn

凡购买本书，如有缺损质量问题，本社销售中心负责调换。

定 价：68.00元

前言

中国麻纺织的历史比丝绸更为悠久，古人最早使用的纺编制品就是麻绳和麻布。我们的祖先一直以大麻布和苎麻布作为大众衣料，自宋代开始利用黄麻和亚麻纤维织布。元明时期，各种麻类纤维布逐渐被棉布所替代。在麻纺织技术形成之前，人们用石器敲打，致使麻类植物变软，然后用手撕扯成细长的缕，用于搓绳或编结成网状物。纵观历史，我国麻纺织技术的发展，大致经历了三个历史阶段：原始手工纺织阶段（公元前 21 世纪以前）；手工机械纺织阶段（公元前 21 世纪至 1870 年）；动力机器纺织阶段（公元 1870 年以后）。 1949 年新中国成立后，我国的纺织工业得到迅速恢复，逐渐形成了麻纺织工业体系，特别自改革开放后，我国的麻纺织工业得到了快速发展。

麻纺织是我国传统纺织行业中的一个重要分支。尽管其在整个纺织产业链中的比重较低，但近年来一直保持快速发展，已经形成“原料种植—纤维生产—纺纱—织造—印染”较为完整的产业链，我国已成为世界麻纺织大国。

以史为镜，可以知兴替。因此，对麻纺织产业的漫长历史，麻类作物资源、分布和药用价值以及麻类纤维特性与用途，麻纺织初加工、主要生产技术和产品，我国麻纺织生产现状和产品，未来麻产品的创新与发展，做些回顾和展望，无疑对于今后我国麻纺织产业的可持续发展大有裨益。总之，回顾麻纺织产业的过去，成就斐然；展望未来，将呈现出更广阔的前景。随着国民经济的高速发展，内需市场的启动将成为麻纺织行业新的拉动力。我国具有庞大的消费者群体，随着国内经济的持续增长，人们的消费观念正在不断更新，对纺织品的要求正在逐步由传统使用价值，向高品质、个性化、时尚化、舒适化、绿色环保等方向转变。麻制纺织品所蕴含的高品质、舒适性、保健性和绿色生态价值正符合当下消费升级的方向。与此同时，中国麻纺织品在国际市场上赢得了消费者的青睐，已成为一种高档纺织品，其价值大为提高，从而又进一步推动了麻纺织产业的快速发展。

本书第一~三章由赵翰生撰写，第四~七章由邢声远、季卫坤撰写。本书在编写过程中，得到北京科技职业学院田方，麻世纪公司郄永静、王浩，川联（北京）制衣有限公司马雅芳、邢宇东、邢宇新等的帮助，并参考了一些文献资料，在此对相关参考文献资料的作者一并表示衷心感谢和敬意。

由于涉及内容广泛，时间跨度大，加上作者的水平和经验有限，难免有疏漏之处，恳请业内专家、学者和读者批评指正，不胜感激！

编著者

2020 年 5 月

目录

第一章　麻纺织的起源和历代生产区域 / 1

第二章　古代麻类纤维的生产技术 / 8

第三章　古代的麻织产品 / 41

第四章　现代麻类作物的资源与分布 / 50

第五章　麻纺织生产的基本工艺与技术 / 65

第六章　我国麻纺织生产现状和产品 / 84

第七章　未来麻产品的创新与发展 / 124

第一章 麻纺织的起源和历代生产区域

第一节 麻类纤维纺织的起源

我国原始社会早期用于纺织的植物纤维原料，主要是人们随意采集的野生植物茎皮纤维。到了新石器时代中期，随着原始农作、畜牧技巧和手工技巧的出现，人们对蔽体御寒有了更高的质量要求，进而产生了对野生植物纤维的原始优选和人工种植的倾向，逐步更多地选用或种植某些优良品种，作为主要的植物纤维纺织原料。一些考古出土的文物提供了这方面的佐证。

从考古发掘资料看，我国早期纺织植物纤维原料主要有大麻、葛藤、苎麻、苘麻等植物茎皮纤维。例如，1975 年在浙江余姚县河姆渡一处七千年以前规模相当大的新石器时代文化遗址中，发现苎麻绳和苘麻绳以及一些无法详细鉴定其科属的某些野生植物纤维制成的绳头和草缅❶。1981～1987 年，在郑州荥阳青台仰韶文化遗址中，发现麻纱、麻布和麻绳❷。又如，1958 年在浙江吴兴钱山漾良渚文化遗址中，发现用苎麻材料搓成的双股和三股的粗细麻绳❸。这三处文化遗址出土的用植物韧皮制成的绳索，说明我国在新石器时代，人们选用的制绳原料仍是比较容易采集

❶ 浙江省文物管理委员会，浙江省博物馆.河姆渡遗址第一期发掘报告［J].考古学报，1978，(1).

❷ 郑州市文物研究所.荥阳青台遗址出土纺织物的报告［J].中原文物，1999，(3).张松林，高汉玉.荥阳青台遗址出土丝麻织品观察与研究［J].中原文物，1999，(3).

❸ 浙江省文物管理委员会.吴兴钱山漾遗址第一、二次发掘报告［J].考古学报，1960，(2).

到的各种野生植物的茎皮纤维；而且考古发掘资料同时证实，这个时期不仅用麻制作绳索，衣着原料也已开始大量选用葛藤、大麻、苎麻等植物茎皮纤维。1984 年，甘肃东乡马家窑文化遗址出土的大麻实物，经鉴定，已与现代栽培的大麻相似。这是迄今发现最早的大麻标本❶。1972～1975 年，江苏吴县草鞋山马家浜文化遗址出土了 3 块距今 6000 年的残布片。经鉴定，这些残布是用野生葛织造而成，属于纬线起花朵罗纹织物，其密度为每平方厘米经线 10 根，纬线罗纹部分 26～28 根，地部 13～14 根❷（图 1-1、图 1-2）。这是我国目前发现最早的纺织品实物。此外，在前述浙江吴兴钱山漾良渚文化遗址中还出土了距今 5000 年前的几块粗细不同的苎麻布片，这些布片组织采用平纹，粗者每平方厘米经纬线各有 24 根，细者经线 31 根，纬线 20 根，其密度与现在的细麻布相近。这是目前我国发现最早的苎麻织品实物。

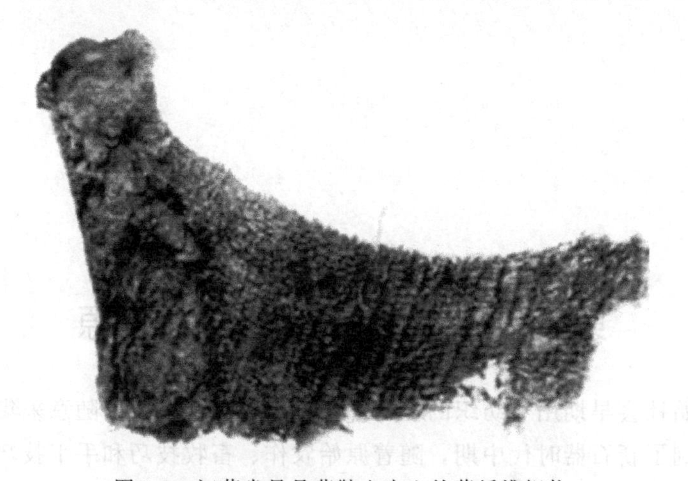

图 1-1 江苏省吴县草鞋山出土的葛纤维织物

图 1-2 江苏吴县草鞋山出土的葛纤维织物模型

❶ 甘肃省文物工作队等.东乡林家马家窑文化遗址发掘 [J].考古学集刊，1984，(4).

❷ 浙江省文物考古研究所.余杭瑶山良渚文化祭坛遗址发掘报告 [J].文物，1988，(1).

这些考古发掘资料表明，早在五六千年前，我国黄河流域和长江流域一些地区，都出现了原始的麻纺织生产。

第二节　古代麻纺织生产区域

麻类纤维的品种很多，古代较早应用于衣着日用方面的有葛、大麻、苎麻、苘麻等。其中大麻和苎麻的原产地是我国，它们在国外分别享有“汉麻”和“中国草”的盛名；而且在元代以前，棉花除西南和新疆等边陲地区有利用外，各地均不出产棉织品。称之为“布”的纺织品，主要是指上面说的麻类织物，所以《孔丛子·小尔雅》中有“麻、纻、葛曰布”之说。由于布是庶民日常服用的布料，与广大人民生活有着密切的关系，所以往往又把庶民称为“布衣”。

至迟在商周时期，大麻、苎麻和葛已普遍由野生利用变为人工种植了。

其中大麻的人工种植在黄河中下游地区最为普遍，该地域的麻纺织以大麻为主。当时的人们对大麻雌雄异株现象已有较深的认识，而且能较好地区别雌株和雄株，这可在文献中得到印证。《诗经》《尚书》《周礼》《仪礼》《尔雅》中所说的：麻、枲、苴、蕡等均与大麻有关。麻是雌麻、雄麻的总称。枲是雄麻，《仪礼·丧服》载：“牡麻者，枲麻也。”但有时也和麻通用。苴是雌麻，蕡是麻籽。蕡可以食用，是古代的九穀之一。这些书能将大麻如此细分，亦说明当时对大麻雌雄纤维的纺织性能、麻籽的功用都有了较深的认识；并且也了解雄麻纤维的纺织性能优于雌麻，知道用质量好的雄麻纤维织较细的布，质量差的雌麻纤维织较粗的布。迄今能见到的较早大麻纺织品实物，出土于河北藁城台西村商代遗址[1]（图 1-3）。另外，需要说明的是古代文献中所言及的麻通常都是指大麻。

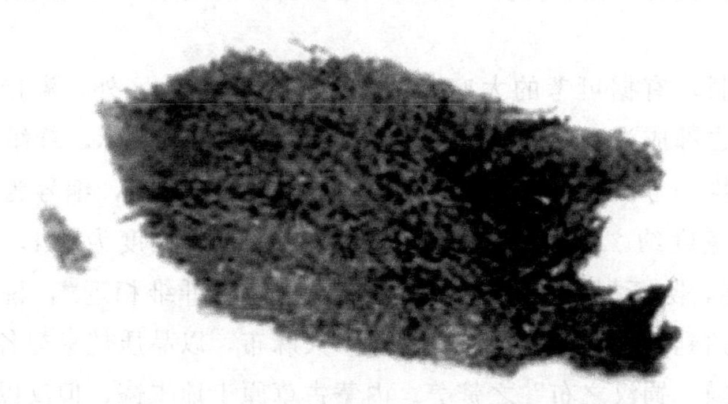

图 1-3　河北藁城台西村出土的商代大麻织物

---

[1] 河北省文物研究所. 藁城台西村商代遗址［M］. 北京：文物出版社，1977.

苎麻主要分布在长江流域和黄河中下游地区。当时称苎为“纻”，战国以后才开始用“纻”。《禹贡》说纻是豫州主要贡品之一，谓：豫州“厥贡漆、枲、絺、纻”。《周礼·天官冢宰下》将纻纳入“典枲”官的管辖，作为颁功受赍之物，谓：“典枲，掌布、缌、缕、纻之麻草之物，以待颁功而受赍。”这时期的苎麻织品已制织得非常精致，有的甚至可与丝绸等价。吴国和郑国大臣就曾以本国之特产纻衣和丝缟互赠。《春秋左传》记载：襄公二十九年吴季札“聘于郑，见子产，如旧相识，与之缟带，子产献纻衣焉”。长沙战国墓出土的苎织品[1]，经密为每厘米28根，纬密为每厘米24根，细密程度超过了十五升布，可与现代棉布相比。使我们得以直观地了解当时苎麻织品之精细。

葛的主要分布也是在长江流域和黄河中下游地区。当时葛织品非常流行，据统计，仅《诗经》三百篇中谈及葛的地方就有四十多处。细葛布是高档的夏季服装，《墨子》载：“古者圣王制为衣服之法，曰：冬服绀緅之衣，轻且暖。夏服絺绤之衣，轻且清。”不少地方都将它作为贡品，《史记·夏本纪》中有青州“厥贡盐、絺”的记载。因细葛布可以制织得很稀疏，以致不能不加罩衣而入公门，必须外加罩衣，故《礼记·曲礼》有“袗絺绤，不入公门”，《论语·乡党》有“袗絺绤，必表而出之”之说。当时葛的种植和采收是重要的生产活动之一，周代设有专门的“掌葛”官吏负责管理，其职责是“掌以时征絺、绤之材于山农，凡葛征，征草贡之材于泽农”。春秋之时，葛的种植及利用在南方地区日趋兴盛。《越绝书·外传》记载：“葛山者，勾践罢吴，种葛。使越女织治葛布，献于吴王夫差，去县七里。”真实反映了其地人工种植葛藤的情况。而且自此以后，葛布又开始称为葛越，《广东新语》云：“葛越，南方之布。以葛为之，以其产于越，故曰葛越也。”越是中国南方江、浙、粤、闽之地的泛称。

秦汉时期，大麻和苎麻的种植地域比之以前大为增加，而葛的种植地域则开始大幅度萎缩。

据文献资料，有据可考的大麻产地除黄河中下游地区外，湖南、四川、内蒙古、新疆等地也都成为主要大麻产地。此时，湖南所产大麻，纤维质量已相当出色，长沙马王堆一号汉墓曾出土几块大麻布，经分析鉴定，编号为N29-2的大麻布，纤维投影宽度约22μm，截面面积153μm^2，断裂强度为4gf，断裂伸长率为7%。上述指标，除断裂强度稍差外，均与现代大麻纤维相近[2]，说明当时的选种和栽培技术已达到相当高的水平。四川所产大麻布，以品质佳享誉各地。《盐铁论》中有“齐阿之缣，蜀汉之布”之赞美。内蒙古草原土地丰饶，但汉以前没有大麻种植，崔寔出任五原太守后，看到民众冬月无衣，为取暖，积细草而卧其中，见官时

---

[1] 中国科学院考古研究所.长沙发掘报告 [M].北京：科学出版社，1957.

[2] 上海纺织科学研究院.长沙马王堆一号汉墓出土纺织品研究 [M].北京：文物出版社，1980.

则裹草而出，深感震惊。于是筹集资金购买纺织机具，教民引种大麻和纺绩，解除了民众的寒冻之苦[1]，从此大麻的种植和纺绩也在内蒙古草原扎下了根基。新疆地区大麻的种植非常普遍，《后汉书·西域传》记载："伊吾地，宜五谷桑麻葡萄。"当时有据可考的苎布产地有河南、山东、山西、湖北、湖南、广西、云南、海南等。其中，海南所产苎布主要供当地民众作衣料。河南、湖北所产苎布较为精细，是当地的主要贡品之一。云南哀牢山区少数民族所产苎布最具特色，《后汉书·西南夷传》载："哀牢……土地沃美，宜五谷、蚕桑，知染采文绣，罽毲、帛叠、阑干细布，织成文章如绫锦。""阑干细布"即细苎麻布，可与绫锦媲美。汉代苎麻布实物，在湖北江陵凤凰山汉墓和湖南长沙马王堆一号汉墓曾有出土，经鉴定，出土的苎麻布纤维各项指标，如投影宽度、截面面积、支数、断裂强度、断裂伸长率等，与现代苎麻布纤维接近，表明西汉初期人们对于苎麻的生长规律已有相当的掌握，积累了丰富的栽培和收割经验，绩麻加工技术也已非常娴熟。

此时的葛产地虽大幅度萎缩，但在北方的豫州和青州（今河南、山东）等地，南方的吴越（今江苏、浙江）等地，都还有高质量葛织物的生产，而番禺（今广东）则是一个较有影响的葛布集散地。越地生产的葛布，深受皇室偏爱，《后汉书·独行列传》载："（陆续）祖父闳，……喜着越布单衣，光武见而好之，自是常敕会稽郡献越布。"马皇后也曾一次就赏赐诸贵人"白越三千端"[2]。由于葛的生产量大幅度萎缩，挺括、凉爽、舒适的夏季服装衣料——葛布，逐渐成为奢侈品，只有有钱人才能享用。东汉王符在《潜夫论》中就曾以葛织物为例，贬责京城的浮侈之风，云："今京师贵戚，衣服、饮食、车舆、文饰、庐舍皆过王制，僭上甚矣。从奴仆妾，皆服葛子升越、筩中女布。"

隋唐时期，植麻区域涵盖了全国，不仅黄河和长江流域普遍植麻，西南的云南、广西，西北的新疆地区，麻的种植面积亦非常可观，最盛时全国每年总收入苎麻布和大麻布达一百多万匹。

唐代天下分十道，即关内道、河南道、河东道、河北道、山南道、陇右道、淮南道、江南道、岭南道、剑南道。其时各地区麻类纤维的生产情况在文献中多有记载，据《新唐书·地理志》云：关内道"厥赋布、麻"；河南道"厥贡布、葛席"；陇右道"厥贡布、麻"；淮南道"厥贡布、纻、葛"；江南道"厥赋麻、纻""厥贡蕉葛"；剑南道"厥赋葛、纻""厥贡丝葛"。此外，《唐六典》《通典》以及《元和郡县志》等书也详细记载了各道中以布、麻、纻、葛、蕉葛赋税和纳贡的州府名。由于各书的成书时间不同，唐朝贡赋前后又有较大变化，所载的内容有些是一致的，有些却有出入，但可互为补充。

---

[1] 范晔.后汉书·崔寔传［M］.北京：中华书局，1965.

[2] 范晔.后汉书·皇后纪［M］.北京：中华书局，1965.

从上述各书的记载来看，尽管北方地区的麻、苎生产仍很普及，但已远不如南方兴盛，大规模种植和生产基本分布在长江流域及其以南地区。文献所记产地大多在这一范围可以为证，如《唐六典》卷二十记载，唐代州郡纻产地分八等：一等，复；二等，常；三等，扬、湖、沔；四等，苏、越、杭、蕲、庐；五等，衢、饶、洪、婺；六等，郢、江；七等，台、括、抚、睦、歙、虔、吉、温；八等，泉、建、闽、袁。州郡大麻产地分为四等：一等，宣、润、沔；二等，舒、蕲、黄、岳、荆；三等，徐、楚、庐、寿；四等，沣、朗、潭。州郡赀布产地分九等：一等，黄；二等，庐、和、晋、泗；三等，绛、楚、滁；四等，泽、潞、沁；五等，京兆、太原、汾；六等，褒、洋、同、歧；七等，唐、慈、坊、宁；八等，登、莱、邓；九等，金、均、合。上述记载也说明自唐代开始，南方苎麻产量逐渐超过大麻，麻类织物贡品也是以苎麻织品为主。

由于全国各地普遍种植麻、苎，故布的产量非常惊人，导致其大众化织品价格远不如丝、毛织品。杜荀鹤《蚕妇》诗句“年年道我蚕辛苦，底事浑身着苎麻”，颇能说明麻织品价格之廉。另以敦煌地区为例，当地生产的纺织品，丝、麻、毛、棉纤维均有，但产量却以麻纤维织品最多。《新五代史・四夷附录》说：回鹘所居之甘州和西州宜黄麻。敦煌位于甘、西之间，其时亦宜黄麻（此黄麻即大麻，非今日所说之黄麻）。在敦煌民间借贷文书中，丝、毛、棉织品均有出现，唯没有发现麻类织品的字样，可能也是因其价格太低的缘故。

而此时的葛，种植和生产日渐式微。文献记载，汉代除南方外，黄河中下游的豫州和青州尚有葛的生产。而在唐宋期间，葛织品的生产基本集中在长江中下游一带，是作为贡品和特产而生产。在《唐六典》卷二十中规定的绢、布分等名目中甚至未将葛织品絺和绤列入其中，葛的生产只是局限在淮南道、江南道、剑南道的一些偏僻山区。其衰落的主要原因是葛藤生长周期长且产量低，种植、加工也比大麻和苎麻耗工费时。

宋元时期，大麻和苎麻的产区有了较大变化，黄河中下游基本上都是种植大麻，苎麻已很少见，以致元司农司在编《农桑辑要》时增加了“栽种苎麻法”，旨在扩大推广北方地区的苎麻种植。而长江中下游及以南地区则广为种植苎麻，大麻渐趋减少，故王祯《农书》有“南人不解刈麻（大麻），北人不知治苎”之说。这话固然有些夸大，但大体上反映出南方大麻栽培大幅度减少的趋势。而葛的种植自唐代衰退后，此时已不再是纤维作物，只有广东、广西、江西、海南等地的偏僻山区有少量种植。其时北方大麻的主要产地，据《宋史・地理志》记载：有冀、豫、雍、梁、坊、真等州，其中尤以冀、雍二州最多。其地种植大麻的情况，可从《宋史・河渠志》中所记苏辙一段上疏内容窥知一二。苏辙说：“恩、冀以北，涨水为害，公私损耗。臣闻河之所行，利害相半。盖水来虽有破田破税之害，其去亦有淤厚宿麦之利。况故道已退之地，桑麻千里，赋税全复……”所云虽是讲水患利弊，却亦道出当时麻田占用土地之多。在宋代，岁赋之物分为穀、帛、金铁、物产四大块，麻织品是其中的重要一类。《宋史·食货志》中有以麻充税数量的记载，云："匹妇之贡，绢三尺，绵一两。百里之县，岁收绢四千余匹，绵三千四百斤。非蚕乡，则布六尺，麻二两，所收视绵绢倍之。"南方苎麻的主要产地，据《太平寰宇记》载：有潭州、道州、郴州、连州、郎州；《宋史·地理志》载：有扬州、和州；苏颂《本草图经》则云："今闽、蜀、江、浙多有之。"当时的广西亦是以苎麻作为经济作物，广为种植。《宋史·食货志》载："咸平初，广南西路转运使陈尧叟言，准诏课植桑枣，岭外唯产苎麻，许令折数。"所出苎麻织品如柳布、象布、練子，更是久负盛名。

元朝以后，我国纺织原料结构和产地发生了很大变化。首先，在南宋末年至元代初年期间，棉花从南北两路大规模传入内地，黄河和长江中下游流域棉花种植地区和种植面积迅速扩大。元代中期到明代初期，棉花完全取代了几千年来一直在纺织纤维中占最重要地位的麻纤维，成为最主要的纤维原料，麻纤维轮为次要的纤维原料。其次，在北方地区除陕西、河南部分地区外，苎麻已很少见，基本都是种植大麻，南方地区则基本种植苎麻，并主要集中在长江流域各省和福建、两广地区，形成"北大麻、南苎麻"的生产格局。

古代麻类纤维的生产技术

第一节　古代麻类作物的种植技术

古代人民对麻类的种植、管理和利用，很早就摸索出了一套规律。下面介绍一些至今仍值得借鉴的，古代根据自然条件和麻作物生长发育特征采取针对性措施的田间管理经验和总结。

在中国最早的一部诗歌总集《诗经》中就曾多次出现描写大麻种植的诗句，如《诗经·齐风·南山》中的："艺麻如之何？衡从其亩。"诗中的"艺麻"，就是"种麻"，"衡从"同"横纵"，"亩"是播种的垄畦，表明当时种麻是纵横成行的，并似乎已了解播种的疏密可影响麻皮和麻籽的质量。为种好麻，掌握播种季节非常重要。成书于秦始皇统一中国前夕的《吕氏春秋·审时》强调"得时之麻……厚枲以均"。便是说种植及时的大麻，皮厚实，上下均匀，纤维质量好。到了汉代，大麻的栽培技术有了很大提高，已遵循"趣时、和土、务粪泽、早锄、早获"的原则，而且雄株和雌株是分开单独栽种的。西汉《氾胜之书》，分别介绍了栽种枲麻和苴麻的方法。谓种枲：春冻解，耕治其土。春草生，布粪田。选择的播种时间，既不能太早，也不能过晚。太早则麻茎刚坚、厚皮、多节。过晚则皮不坚。不过宁失于早，不失于晚。当穗上花粉放散如灰末状时就要拔起来。谓种苴：二月下旬、三月上旬，傍雨种之。麻生叶后要除草。麻秆高一尺左右，要施蚕屎粪；如无蚕屎，也可以施熟粪。天旱时，要用流水浇之，无流水可改用井水，但一定要将井水暴晒一下，杀其寒气再浇之。雨泽时勿浇。采用这种方法，良田每亩可收 50～100 石，薄田至少 30 石。东汉《四民月令》则将一年中每月与麻有关的农事活动做了归纳，谓：正月“粪田畴（麻田）”；二月“可种植禾、大豆、苴麻、胡麻（芝麻）”；三月“时雨降，可种粳稻及植禾、苴麻、胡豆、胡麻”；五月“可种禾及牡麻”；十月“可析麻，趣绩布缕”。为提高农田利用率，有些地区还采取麻、麦轮种的方式。

大麻是雌雄异株植物，雄麻以利用麻茎纤维为目的，雌麻以收籽为目的，二者的栽培技术略有差异。虽然先秦书籍《吕氏春秋》在“审时”“任地”两篇中即提到种麻，但未能指明是纤维用，还是籽实用。东汉《四民月令》也只是简略指出：二三月可种苴麻；夏至先后各五日，可种牡麻（即雄麻）。直到北魏时，贾思勰《齐民要术》才将纤维麻和籽实麻种植技术分开归纳和总结，其“杂说”篇谓：“凡种麻，地须耕五、六遍，倍盖之。以夏至前十日下子。亦锄两遍。仍须用心细意抽拔。全稠闹细弱不堪留者即去却。一切但依此法，除虫灾外，小小旱不至全损。”“种麻”篇谓：“凡种麻用白麻子。麻欲得良田，不用故墟。地薄者粪之。耕不厌熟，田欲岁易。良田一亩用子三升，薄田二升。夏至前十日为上时，至日为中时，至后十日为下时。泽多者，先渍麻子令芽生。待地白背耧耩，漫掷子，空曳劳。泽少者，暂浸即出，不得待芽生，耧头中下之。麻生数日中，常驱雀。布叶而锄，勃如灰便刈。爇欲小，䅋欲薄。一宿辄翻之。获欲净。”“种麻子”篇谓：“止取实者，种斑黑麻子，耕须再遍。一亩用子二升，种法与麻同。三月种者为上时，四月为中时，五月初为下时。大率二尺留一科，锄常令净。既放勃，拔去雄。”明确指出用于纤维的麻宜早播，用于子实的麻不宜早播，为获得最好的纤维和较高的产量。二者收获都在“穗勃、勃如灰”之后，即开花盛期进行。

从元代开始，北方地区利用大麻耐寒的特性，不仅春季和夏季播种，还实行冬播。元代《农桑衣食撮要》记载：“二三月皆可种之，宜早不宜迟，腊月八日亦得。”意思是说，农历十二月即可种麻。这是大麻生产上的重要创造，直到今天仍在生产中应用。

此外，需要说明的是宋以后南方多种苎麻而极少种大麻的原因，除气候和纤维质量（苎麻的可纺性能优于大麻，苎布质地也比大麻布好）因素外，最重要的是苎麻栽培技术有了很大进步，产量比大麻高得多，并主要表现在繁殖方法、田间管理、收割时间等几个方面。

苎麻的繁殖有有性繁殖和无性繁殖两种方法。有性繁殖即种子繁殖，无性繁殖即分根、分枝和压条繁殖。这两种方法各有利弊，前者易扩大种植面积，但繁育周期长，变异多。后者繁育周期短，遗传性稳定，但难超大面积培育。有性繁殖首先要选好种，元代《士农必用》记载了一种水选法，谓：“收苎作种，须头苎者佳。……二苎、三苎子皆不成，不堪作种。种时以水试之，取沈者用。”繁殖出的苎麻幼苗，在正式移栽前，还要经过一次假植。《农桑辑要》对此介绍得非常具体，谓：幼苗“约长三寸，欲择比前稍壮地，别作畦移栽。临移时，隔宿先将有苗畦浇过，明旦亦将做下空畦浇过，将苎麻苗用刃器带土掘出，转移在内，相离四寸一栽。”假植以后，“务要频锄，三五日一浇。如此将护二十日之后，十日、半月一浇。至十月后，用牛驴马生粪盖，厚一尺”，以后再在“来年春首移栽”。移栽时宜，以“地气已动为上时，芽动为中时，苗长为下时”。栽法可用区种法或修条法。无性繁殖的分根、分枝和压条法，在《农桑辑要》中也均有介绍，谓：分根“连土于侧近地内分栽亦可。其移栽年深宿根者，移时用刀斧将根截断，长可三、四指”；分枝“第三年根科交结稠密，不移必渐不旺，即将本科周围稠密新科，再依前法分栽”；压条“如桑法”。从现有材料看，苎麻的无性繁殖，以分根法最早，应用最普遍。

田间管理除继续沿用《齐民要术》中记载的诸如地要多耕、勤锄、细土拌种撒播、分期施肥等方法外，出现了搭棚保护幼苗和苎麻安全越冬的方法。《农桑辑要》载：“可畦搭二三尺高棚，上用细箔遮盖。五六月内炎热时，箔上加苫重盖，惟要阴密，不致晒死。但地皮稍干，用炊帚细洒水于棚上，常令其下湿润。遇天阴及早、夜，撤去覆箔。至十日后，苗出有草即拔。苗高三指，不须用棚。如地稍干，用微水轻浇。”又载：“至十月，即将割过根茬，用驴、马粪厚盖一尺，不致冻死。”

苎麻一年可收割三次，每茬纤维质量有差异，当时已认识到苎麻的适时收割很重要。《士农必用》记载：“割时须根旁小芽高五六分，大麻既可割。大麻既割，其小芽荣长，即二次麻也。若小芽过高，大麻不割，芽既不旺，又损大麻。约五月初割一镰，六月半或七月初割二镰，八月半或九月初割三镰。谚曰：头苎见秧，二苎见糠，三苎见霜。惟二镰长疾，麻亦最好。”

第二节　古代麻类纤维的初加工技术

大麻、苎麻和葛麻的韧皮是由植物胶质和纤维两部分组成的。为了剥取纺织用纤维，必须先把外表的胶质去掉，使纤维分离出来。这种分离和提取麻纤维的加工过程即现代纺织工艺中所说的“脱胶”。中国古代利用麻类植物韧皮层的方法，大致有四种：一是直接剥取法不脱胶；二是沤渍脱胶；三是水煮脱胶；四是灰治脱胶。

一、直接剥取

直接剥取是先人获取麻纤维最初使用的方法。河姆渡出土的部分绳头，在显微镜下观察，发现纤维均呈片状，没有脱胶痕迹，说明就是利用这种方法制取的。剥取用的器物，考古发掘中也曾发现。在距今一万年至四千五百年的中国台湾省大坌坑文化遗址中，就出土过敲砸植物制取纤维的石质器物——打棒[1]。直接剥取的植物纤维，因没有脱胶，粗脆易断，沤渍法出现后这种方法就不再采用了。

二、沤渍脱胶

沤渍脱胶是通过沤渍使麻类植物的胶质部分脱落。它大约出现在新石器时代晚期，河南荥阳县青台村仰韶文化遗址出土的麻织品纤维和浙江钱山漾出土的苎麻织品纤维，经观察，都有脱胶痕迹，说明纤维很可能是经过沤渍的。用沤渍法分离和提取纤维的过程，即是现代纺织工艺中的"脱胶"。其原理是：麻类植物茎皮在水中长时间浸泡过程中，分解出各种碳水化合物，这些碳水化合物成为水中一些微生物生长繁殖的养分，而微生物在生长繁殖过程中又分泌出大量生物酶，逐步地将结构远比纤维素松散的半纤维素和胶质分解掉一部分，使茎皮中表皮层与韧皮层分开，纤维松解分离出来。经沤渍的植物纤维，用于纺织较直接剥取的纤维柔软、耐用。据推测，沤渍技术的出现是人们受客观现象的启发，即倒伏在低洼潮湿地方的植物腐烂后纤维自然分离出来之现象，才开始有意识地将植物茎皮放入水中，通过一段时间的沤渍，使纤维分离出来。通过观察自然现象，进而仿效自然现象发明的沤渍植物制取纤维的方法，推动了纺织技术的进步。沤渍法既简单，又有效，自新石器时代出现起一直沿用到近代。

沤麻，看似简单，其实对水温、水质、水量和浸沤的时间、程度都有讲究。古代在这方面积累了丰富的经验，并自西周开始，历朝历代对这些沤渍条件都有一些精辟的总结。《诗经·陈风·东门之池》云："东门之池，可以沤麻"；"东门之池，可以沤苎"；"东门之池，可以沤菅"。对此《毛诗注疏》的解释是："东门之外有池水，此水可以沤柔麻、草。使可缉绩，以作衣服。"这显然是源自沤渍的长期实践经验。利用池水沤麻是有一定科学道理的：池面一般不会很大，水也不会很深，池水基本不流动（即使流动也很缓慢）。在阳光长时间照射下，水温会提高，促进了水中微生物的繁殖，而微生物在繁殖过程中又会大量吸收沤在水中的植物胶质，促进了植物纤维的进一步分解，使纤维变得柔软。另外，各种植物纤维的长度及胶质的含量均不相同，采用的沤渍时间自然亦是不同，《诗经》将大麻、苎麻、菅草的沤渍分开描述，可见当时对不同纤维的沤渍时间和脱胶效果认识是相当深的。关于沤渍的起始时间，西汉《氾胜之书》明确指出："夏至后二十日沤枲，枲和如丝。"夏至后二十日这时气温最高，细菌繁殖速度快，便于分解纤维上的胶质和半纤维素，加工出的纤维也十分柔韧。关于沤渍水质和浸沤的时间，北魏贾思勰《齐民要

---

[1] 陈国强，林嘉煌. 高山族文化［M］. 上海：学林出版社，1988.

术》明确指出："沤欲清水，生熟合宜。"注曰："浊水则麻黑，水少则麻脆。生则难剥，太烂则不任。"用清水不用浊水主要是为保持纤维的色泽；用水量不能太少，否则没浸没的茎皮接触空气氧化，纤维脆而易断；沤渍时间要适当，时间过短，微生物繁殖少，不足以分解足够的胶质，纤维不易分离，时间过长，微生物繁殖量大，除去过多胶质，纤维长度和强度均易受损。此外，贾思勰还特别提到冬天用温泉水沤麻，剥取的麻纤维"最为柔韧"。另据元代王祯《农书》记载，元代以前，无论南北，都采用沤渍法。差别是北方将麻割下后，立即放入池塘中浸沤；没有池塘的，砌砖蓄水，以作沤所。南方则不是立即浸沤，而是随剥随沤。而到了清代，南方有的地区将浸沤法改为水浇法。如福建福州府地区所用的方法是，在溪旁挖一个坑，将麻大捆放入其中，上面压以石块，再浇水。经过一两个小时后即开始剥条。这种方法可称为石压水浇剥麻法，主要特点是比浸沤法（图 2-1）缩短了时间，加快了生产周期。

图 2-1　和林格尔东汉墓后室南壁画中的沤渍操作

三、水煮脱胶

水煮脱胶是把新割下的麻类植物（带皮的）或将已剥下的韧皮放在水中沸煮，使其脱胶。当胶质逐渐脱掉后，捞出用木棒轻捶，便可得到分散的纤维。这种方法最早大概是用在葛纤维上，因为葛的单纤维比较短，大部分在 10mm 以下，如果完全脱胶，单纤维在分散状态下就失去纺织价值，只能采取半脱胶的办法。采用煮的方法，作用比较均匀，且易于控制时间和水温。水煮脱胶出现的时间也很早，但最早的记载是见于《诗经·周南·葛覃》:“葛之覃兮,施于中谷,维叶莫莫。是刈是濩,为絺为绤,服之无斁。”诗文描述了葛的加工过程。大意是说葛藤被割下之后,便可放在水里煮练,濩即沸煮。在达到目的之后便可进一步纺织成粗细不同的葛布。其后三国时期陆玑《毛诗草木鸟兽虫鱼疏》有如是记载:“苎亦麻也,……剥之以铁若竹,刮其表,厚皮自脱。但得其里韧如筋者,鬻之用缉。”表明秦汉以后水煮法又被广泛用在苎麻的脱胶上,其技术水平也越来越高。明末宋应星《天工开物》记载的一种水煮苎麻脱胶方法是:先将苎麻放入稻草灰或石灰水中煮过,然后放入流水中反复漂洗、日晒,直至纤维变成极白色。

四、灰治脱胶

如果说浸沤属于细菌脱胶法,那么灰治则属于化学脱胶。灰治脱胶的实质与现代练麻工艺中的精练工艺大体相同,是把已经半脱胶的麻纤维绩捻成麻纱,再放入碱性溶液中浸泡或沸煮,使其上残余的胶质尽可能地继续脱落,使麻纤维更加细软,而能制织高档的麻织品。其起源也可以追溯至秦以前,最早的记载见于《仪礼》中的“杂记”和“丧服”。所用的“灰”,楝木灰或蜃蛤壳烧成的灰,即石灰水等碱性物质。元初编成的《农桑辑要》中载有一种加工麻纤维的方法,基本上是这种方法的演绎。近些年出土的一些汉代麻布,如长沙马王堆汉墓出土的精细苎麻布,绝大多数纤维呈单个分离状态,而且麻纤维上的胶质只残留很少一部分。湖北江陵凤凰山西汉墓出土的麻絮,纤维表面附有较多的钙离子。据此分析来看,这些出土文物,采用的脱胶方法极可能就是上述的两种灰治法。由于这两种灰治法非常有效,所以自它们出现时起,一直盛行于世,甚至在今天的夏布生产中仍在沿用。

第三节 古代麻类纤维的绩纺机具

要把麻类韧皮纤维原料加工成纺织品,首先必须将它绩纺成纱线。最早出现的工具叫“纺专”,其后又出现了手摇纺车、脚踏纺车和大纺车。其中纺专出现在新石器时代,手摇纺车出现在战国前后,脚踏纺车至迟在东晋出现,大纺车出现在元代。长期以来,根据这些机具的先后出现时间,一般认为中国古代绩纺机具系谱的演变,便是沿着这个路径线性发展的。

一、纺专

纺专(图 2-2)亦被称为“瓦”“旋锥”“纺锤”或“纺轮”等。这种在新石器时期就已出现的纺纱工具是由轮杆和纺轮两部分组成的。轮杆多是由木、竹、骨、金属制成，早期的形制是一直杆，战国时出现了顶端增置铁制屈钩的轮杆。纺轮多是由石、木、陶、骨制成，形制多为中间有孔洞的圆饼形状物体，间有四方体或长方体物体。轮杆插入纺轮孔洞固结在一起，即可用来纺纱。固合形式有单面插杆和串心插杆纺坠两种，单面插杆和串心插杆纺坠如图 2-3 所示。

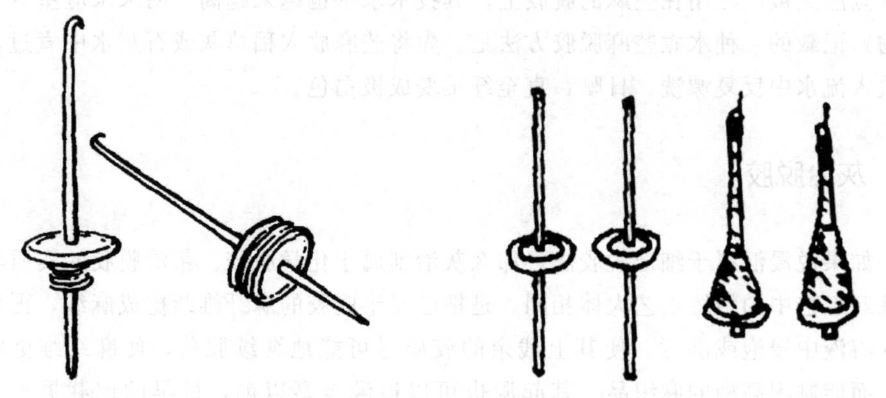

图 2-2 长沙出土的西汉铁杆纺专（素描） 图 2-3 单面插杆和串心插杆纺坠示意图

由于纺专的轮杆多由木或竹为之，不易保存，所以考古遗址中出土的多是纺轮。据考古研究报告，在全国 30 个省市较早和规模较大的居民遗址中，几乎都有纺轮的踪迹。河北磁山遗址出土的纺轮，距今已有 7000 多年，是迄今发现的我国新石器时代最早的纺轮。在距今 5000 多年前的浙江河姆渡遗址、陕西西安半坡遗址、姜寨遗址等处，都有大量石制或陶制纺轮出土。这些遗址出土的纺轮，均出现在女性墓中，少则几件，多则几百件。如福建福清县东张遗址出土陶纺轮达三百多件，大连郭家村遗址出土纺轮达二百多件❶，青海柳湾遗址出土纺轮达一百多件❷。证明纺专不仅已是当时必不可少的纺纱工具，还反映出自此开始沿袭久远的男女在生产领域的分工。

新石器早期的纺轮，大多是用石片和陶片打磨而成，外形厚重不规整，制作粗糙，大多是根据所选用材料，稍加切割打磨而成。如河南裴李岗遗址出土的 2 件纺轮，系陶片改成，呈不规整圆形，直径 2.7cm，孔径 0.5cm。河北磁山遗址出土的 11 件纺轮，也均系陶片改成，呈圆饼形，每件轮径和厚重皆不相同，相差很大。晚期的，大多是用黏土专门烧制，外形规整且趋于轻薄，侧面呈扁平或梭子的形状。其变化原因，与纺专的工作原理和所加工的纤维有关。

纺专的工作原理是利用其自身重量和旋转时产生的力偶做功，因而纺专的做功

❶ 辽宁省博物馆等. 大连市郭家村新石器时代遗址 [J]. 考古学报，1984，(3).

❷ 青海省文物管理处考古队等. 青海乐都柳湾原始社会墓葬第一次发掘的初步收获 [J]. 文物，1976，(1).

能力与纺轮的外径和重量密切相关。外径和重量大的，旋转速度快，转动惯量大，可纺粗硬、刚度大的纤维；轮径适中，重量较轻，可纺较柔软、刚度小的纤维。早期要捻纺的纤维，都是一些只经过简单加工处理，没有经过很好脱胶的植物纤维，刚度较大；而后期，因分解、劈绩、脱胶技术的提高，要捻纺的纤维刚度变小。故早期的纺轮较厚重，后期的纺轮较轻薄，这可从出土的不同时期纺轮和织物比照中得到印证。早期的纺轮，最重的达 150 余克，最小的不足 50g，平均为 80g；晚期的纺轮，最大者重约 60g，最小者重约 18.4g[1]。纺轮外形由厚重变轻薄的现象，在同一地方出土的不同时期的纺轮中也得到反映，如湖北京山县屈家岭新石器时代遗址，早、晚文化层都有出土的纺轮。早期的平均重量为 38.2g；晚期一的平均重量为 21.7g；晚期二的平均重量仅为 14.7g[2]。

由于不同麻类纤维的长短、强弱不同，绩麻的方法略有差异。苎麻纤维长，通常直接用手将脱胶后的麻片分劈成细长的麻缕，而后逐根捻接成细长的麻纱。大麻和葛纤维长度短，须用纺专加工成有通体捻度的纱线。具体的绩麻操作非常简便，先把要绩的麻纤维拈一段缠在专杆上，然后垂下，一手转动专杆，让其向左或向右回转，即可促使纤维牵伸和加拈，等麻线绩到一定长度后，把绩好的麻缠到专杆上；如此反复，直至专杆缠满为止。也正是由于纺专轻巧、易于制作和操作简便，在纺车普及后的几千年中，纺妇仍一直将它作为纺纱的辅助工具普遍使用（图 2-4），以致《诗经》中出现“乃生女子……载弄之瓦”的诗句，并衍生出后来生了女孩就叫“弄瓦之喜”的比喻。即使在今天偏僻的农村，仍可看到妇女在田间炕头歇息时用它绩麻（图 2-5）。

图 2-4　清代李诂《滇南夷情汇集》中的“纺专纺纱”版画

图 2-5　少数民族妇女在街道边用纺专纺纱

---

❶ 陈维稷. 中国纺织科学技术史（古代部分）[M]. 北京：科学出版社，1984：18.

❷ 中国科学院考古研究所. 京山屈家岭 [M]. 北京：科学出版社，1965.

二、纺车

纺车是一种可用于纺纱、并线、捻线、络纬及牵伸的机具，其形制有小纺车和大纺车两种类型。其中小纺车分为手摇和脚踏两种，靠人的手或脚驱动，锭子数量1～5枚不等，古代也将之称为軠车、繀车、筟车或轨车，这些称谓主要与上述不同的用途有关。大纺车锭子数量多达几十枚，可用人力、畜力或水力驱动。无论是小纺车，还是大纺车，均是中国古代在纺织机械上的重要发明，而且影响深远。欧洲13世纪末出现的小纺车，是由元代从中国归来的意大利人传入的[1]。而欧洲直到18世纪中叶以前出现的水力纺纱机械，则是由来过中国的传教士传入的[2]。

1.手摇纺车和脚踏纺车

关于纺车的出现时间，现在有两种影响较大的观点。一是商代说，认为商代就有了手摇纺车的雏形，依据是河北藁城台西村出土的两个商代中期的锭轮。不过持不同意见者认为这两个锭轮也可作纺专中的纺轮用，毕竟该遗址同时还出土陶纺轮162件，石纺轮5件，据此便说纺车出现在商代，证据似乎不足以令人信服。二是战国说，认为成型的手摇纺车直到战国时期才出现，依据是长沙战国墓曾出土过一块战国时代的麻布，其经线密度每厘米28根，纬线密度每厘米24根，比现在每厘米经纬各24根的细棉布还要紧密。这样细的麻纱，用纺专是纺不出来的，只有在纺车出现之后才有可能。这两种观点都只是推测，各有支持者，难有定论。

古代通用的手摇纺车（图2-6）是由绳轮架、绳轮、手柄、锭座、锭子、皮弦或绳弦、车梃等部件组成的。在汉代的书籍以及帛画、画像石、画像砖中可见到手摇纺车的记载或形象。如许慎的《说文解字》释軠为："軠。纺车也。"段注云："纺者，纺丝也，凡丝必纺之而后可织。纺车曰軠。"释繀车为："著丝于筟车也。"《通俗文》谓："织纤谓之繀，受纬曰筟。"《方言》则云："赵魏之间谓之轣辘车，东齐海岱之间谓之道轨，今又谓繀车。"汉代纺车的形制图像在山东滕县龙阳店（图2-7）、江苏铜山青山泉、滕县宏道院、铜山洪楼、江苏泗洪县曹庄等地出土或收藏的汉代画像石上都可看到。此外，在1976年山东临沂银雀山西汉墓出土的一块帛画上也绘有纺车图像。这些记载和写实的画像，充分展示了汉代纺织生产活跃的景象，从中我们可以看出，纺车在汉代的应用已相当普及，也有理由推断纺车的出现应该远在汉代之前。

---

[1] ［美］罗伯特 K G 坦普尔. 中国：发明与发现的国度［M］. 陈养正等译. 南昌：21世纪出版社，1995：233-234.

[2] 李伯重. 中国水转大纺车与英国阿克莱水力纺纱机［J］. 历史研究，2002，(1).

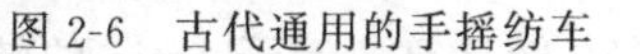

图 2-6　古代通用的手摇纺车

图 2-7　山东滕县龙阳店曾出土的汉画像石

另外，还有一种锭子装在绳轮上面的手摇多锭纺车。这种纺车较早形制分别见于宋人《女孝经图》（图 2-8）和王居正《纺车图》（图 2-9）。从图中看，纺车的轮轴柱上固定有一块星形木板，锭子就装在上面并从反面伸出，也是用绳弦将绳轮和锭子相连。由于锭子安装方向和手柄相反，故操作时需二人配合：一人手摇木轮，带动锭子回转；一人在前面用手导引纤维。它与前文所记纺车相比，受加捻牵伸的线段较长，所以一般多用来加工质量要求高或捻度较大的纱线。

图 2-8　宋人《女孝经图》

图 2-9　王居正《纺车图》

从纺专到手摇纺车，实质的变化是从工具到机械的跨越，这是一项非常了不起的革命性的技术进步。纺专只是一件没有动力装置和传动装置的简单工具，而纺车则具备了纺纱机械的三个基本要素：即动力装置，包括绳轮、曲柄；传动装置，皮弦；工作装置，锭子。纺车比之纺专，纺纱质量和效率大为提高。用纺专纺纱，由于人手每次搓捻轮杆的力量有大有小，使得纺专的旋转速度时快时慢，纺出的纱线均匀度也不是很好。而且用手指搓捻轮杆的力量有限，每一次搓捻，纺专只能运转很短的一段时间，纺出很短的一段纱，生产效率很低。用纺车纺纱，通常绳轮转动一周，锭子可转动50～80转，按1min轮轴转30转计算，锭子1min的转数可多达1500～2400转。用手搓捻纺专，每搓一次，最多不超过20转。二者相比，纺车锭子的转速比纺专快10～16倍，而且用纺车卷绕纱线也要比纺专快得多，故其总的生产能力比纺专高15～20倍[1]。同时纺车的锭子因靠绳轮带动，转速较均匀，速率易控制，不似纺专初始转速与末转速相差那样大，故纺出纱的均匀度较好，且可根据不同用途纱线的工艺要求，较轻松地进行强捻或弱捻的加工（图2-10）。

图2-10　手摇纺车纺纱实景

脚踏纺车是在手摇纺车的基础上发展起来的，将脚踏纺车与立式手摇纺车做一比较，可以看出它的演变线索。如把立式手摇纺车上的锭子倒置，与曲柄方向一致，车架底座在绳轮方向延长，上置一块与曲柄相连的踏板，便成为脚踏纺车。手摇纺车演变成脚踏纺车的时间，一般认为是在东汉时期，依据是江苏泗洪县曹庄东汉画像石上的纺车图像（图2-11）。从该纺车图来看，纺轮是置放在一低矮平台框架上，纺轮的回转轴上似有一偏心凸块，而平台上又有一横木，其一端与偏心凸块联结，另一端穿入平台上的托孔中。纺车上部还挂着5个丝籰，似乎正在用它并线

[1] 陈炳应. 中国少数民族科学技术史·纺织卷［M］. 南宁：广西科学技术出版社，1996：165.

图 2-11　江苏泗洪县曹庄东汉画像石

加捻。图上是否绘有锭子，看不清楚。对这架纺车究竟是手摇还是脚踏，过去曾有不同看法，但该纺车平台框架上横木的安置方式与后世脚踏纺车的踏板极为相近，联想汉代脚踏织机普遍使用的情况，因此现在很多学者认为它应是脚踏纺车。现在能见到的古文献中，有关它的最早资料是公元 4～5 世纪的我国东晋著名画家顾恺之为刘向《列女传·鲁寡陶婴》画的配图（图 2-12）。原图虽已失传，但历代均有《列女传》翻刻本可据。其后，在元代王祯《农书》、明代徐光启《农政全书》、清代褚华《木棉谱》里，也分别出现了三锭脚踏棉纺车和五锭脚踏麻纺车，证明脚踏纺车自东晋时起一直都在广泛使用。

图 2-12　《列女传·鲁寡陶婴》配图的三锭脚踏纺车

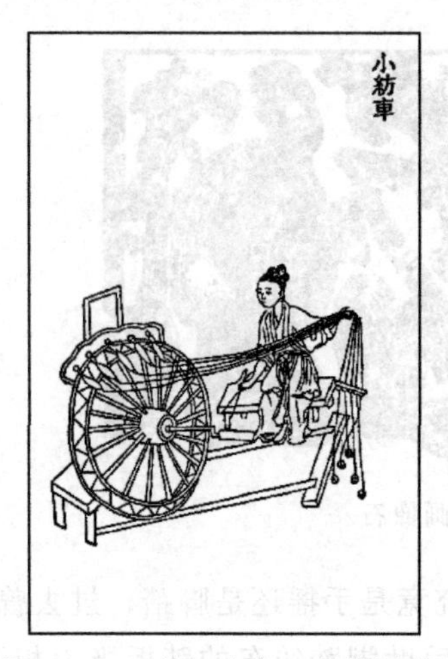

图 2-13　王祯《农书·农器图谱》所载“小纺车”

从各部古书所画脚踏纺车的图形来看，各种纺车除绳轮直径和锭子数稍有差别外，形状和结构基本相同，都是由纺纱和脚踏两部分机构组成的。

纺纱机构和手摇纺车相似，有锭子、绳轮和绳弦等机件，其中绳轮安装在机架的立木上，锭子则安装在绳轮上方的托架上。不同用途纺车上的锭子数是不同的，丝、麻、棉纺车多为 3 锭，亦有 4 锭者，而专门用于纺麻纱的纺车则有 5 锭者，如王祯《农书·农器图谱》所载“小纺车”（图 2-13）。用多锭纺车纺纱，特别是纺需牵伸的棉纤维时，为避免纱线在牵伸过程中相互纠缠在一起，要先将各根纱分别通过指缝，再引上纱锭，这样在纺纱操作中，各根纱才可得到相对独立的牵伸。如不通过指缝，各根纱便会在手握处纠缠在一起。人的一手仅有指缝四处，故棉纺车的锭数不会多于 4 个。专用麻纺车则不同，因为它的作用仅是将已绩长的一根或数根麻缕加捻或并合，毋须牵伸拉细，比纺棉纱简单，所以麻纺车可增至多到 5 只的锭子，使纺车纺麻的生产效率得到尽可能的提高。明代徐光启《农政全书》卷三十五所记：“纺车容三繀，今吴下犹用之，间有用四繀者，江西乐安至容五繀。往见乐安人于冯可大所道之，因托可大转索其器，未得。更不知五繀向一手间何处安置也。”也证明了五锭脚踏纺车是不能用于纺棉纱的，而只能用于纺麻纱。

脚踏机构有两种类型。一类结构是由踏杆、曲柄、凸钉三部分组成的。曲柄置于轮轴上，末端由一短连杆与踏杆相连，而凸钉则置于机架上，顶端支撑踏杆。为避免操作中踏杆从凸钉上滑落，踏杆在与凸钉衔接处有一凹槽。这种结构运用了杠杆原理，纺纱时，纺妇的两脚分别踩在凸钉支撑点两侧的踏板上。当双足交替踏动踏板后，以凸钉支撑点为分界的踏杆两边便沿相反方向作圆锥形轨迹转动，并通过曲柄带动绳轮和锭子转动。另一类结构则没有利用曲柄。踏杆一端是被直接安放在绳轮上的一个轮辐孔中，轮辐孔较大，踏杆可在孔中来回抽伸。踏杆另一端也架放在车后的一个托架或凸钉上。采用这种脚踏结构的纺车，绳轮必须制作得重一些，以加大绳轮的转动惯量。纺纱时，纺妇也不需用双足踏动踏杆，只需用一足踏动，利用绳轮转动时产生的惯性，使其连续不断地旋转。上海徐浦黄道婆纪念馆的脚踏纺车实物如图 2-14 所示，广西少数民族博物馆所藏脚踏纺车实物如图 2-15 所示。

图 2-14　脚踏纺车实物
（上海徐浦黄道婆纪念馆）

图 2-15　脚踏纺车实物
（广西少数民族博物馆藏）

操作手摇纺车时，因需一手摇动纺车，一手从事纺纱工作，难以很好地控制细短纤维，为避免纤维相互扭结，成纱粗细不匀，操作中只能以牺牲纺纱速度为代价，时刻小心以防止这种情况出现。而操作脚踏纺车则没有这种顾虑，在整个纺纱过程中，纺工的双手都能从事控制纤维运动的工作，因此它的日纺纱量约是手摇纺车的 2 倍。另据现有资料看，将往复运动转变成圆周运动的机械结构，首先便是始于脚踏纺车[1]，这是古代机械史上一个颇为重要的发明。

三、大纺车

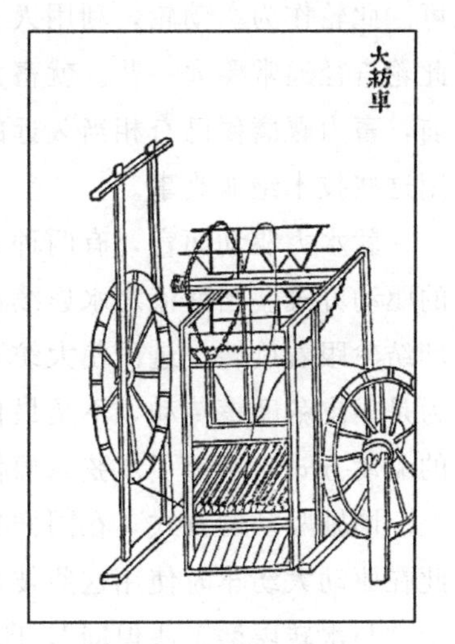

图 2-16　王祯《农书》里的大纺车

大纺车是一种有几十个锭子的丝、麻纤维并捻机具。由于它比其他纺车锭子多，车体大，故称为“大纺车”。有关大纺车具体的创制情况，古文献中缺少明确记载，其形制直到元代才被收录在王祯《农书》里（图 2-16）。我们知道一项技术从产生到广泛应用，一般都要经过一段相当长的时间。从王祯书中阐述的器物和耕织方法大多为汉唐间使用的成法以及所云“中原麻苎之乡，凡临流处多置之”水力大纺车这一情况推论，大纺车的出现时间当在王祯编写《农书》之前，应是南宋或更早一些的产物。另外，这种纺车本有大小两种规格。最先出现的，是规格较大用于纺麻的一种，较小的一种则是根据较大者仿

[1] 刘仙洲. 中国机械工程发明史［M］. 北京：科学出版社，1962.

制用于纺丝的。王祯也曾明确谈到这一点："又新置丝线纺车，一如上法（大纺车），但差小耳。"

据研究，大纺车（图 2-17）从外观上可分为主机、主动轮、从动轮三大部分[1]。实际上可细分为机架、纱锭及相关部件、绕纱装置及相关部件、传动纱锭装置及相关部件。在每一装置中均包含有数量不等的部件，当主动轮转动并通过传动装置带动全部机件后，即可使纱锭旋转，引出具有一定捻度的成纱，绕在纱框上。

图 2-17　大纺车复原实物照片

大纺车的运转，既可用人力或畜力驱动，也可利用水力驱动。王祯说以水为动力"比用陆车，愈便且省"。就人力驱动而言，只要在车架一侧轮轴上装一曲柄即可。此轮作为主动轮，利用人力加以摇转。由于大纺车锭子数目甚多，为了省力，此轮直径通常要大一些。就畜力驱动而言，应是采用类似畜力碾磨的方法。宋元以前，畜力碾磨便已有相当久远的使用历史，技术上已颇为成熟，因此在大纺车上使用这些技术绝非难事。

就水力驱动而言，有两种方式。一种是将水轮通过皮弦与大纺车一侧大轮相连的驱动方式。当河流之水连续不断地冲击木轮上的辐板时，水轮旋转，通过皮弦带动纺轮跟着旋转，进而使大纺车运转。这种水轮通过皮弦带动大轮的驱动方式，因为是靠皮弦摩擦传动，不是最佳驱动方式。另一种是采用水轮与车架一侧大轮同轴的驱动方式，避免了皮弦摩擦传动的损耗，把水轮发出的力最大程度地用在大纺车上。同轴驱动的方式，在同样具有长久使用历史的水磨、水碾上经常可以看到，因此在驱动大纺车时使用这些技术是水到渠成的。王祯说水转大纺车（图 2-18）的水轮"与水转碾磨工法俱同"，印证了水转大纺车确是借鉴了水磨、水碾的技术。

大纺车这种纺纱机械是宋元时期中国机械制作技术成就之集大成者，在构造上非常卓越，特别适宜规模化生产，因此博得了著名科学史学家李约瑟的高度赞扬，认为它"足以使任何经济史家叹为观止"[2]。确实如此，因为大纺车的结构与此前

---

[1] 赵承泽. 中国科学技术史（纺织卷）[M]. 北京：科学出版社，2002.

[2] 李约瑟. 物理学及相关技术（第 2 分册：机械工程）//中国科学技术史：第 4 卷 [M]. 北京：科学出版社，上海：上海古籍出版社，1999：456.

图 2-18　王祯《农书》里的水转大纺车

的任何纺车均不相像，其变化主要有以下几点。其一，具备了较完整的大型纺纱机械的形状和功效。大纺车可同时对数十枚锭子上的纱线进行加捻和卷取，而且加捻和卷取的机械运动也是同时进行的。其效率，以 32 锭纺麻大纺车为例，直观地计算，它的产量相当于 32 架单锭纺车或 5.4 架 5 锭纺车。实际上，并不仅止于此，如再加上连续工作，即加捻、卷绕同时进行而争取的有效时间，其产量比前述的还应提高三分之一。据研究，原来一架纺车每天最多纺纱 1～3 斤，而大纺车一昼夜可纺 100 多斤，纺绩时需集中足够多的麻才能满足它的生产能力。在使用大纺车的地方，许多农户都将绩好的麻送到大纺车作坊，请其代为加工，以节省出大量劳力。其二，整体设计独特巧妙，将局部不同的运动方式有机地统一起来。大纺车运转后，能够保证纱框和纱锭同时运转，且使其转动后具有固定的线速比。其三，既可用人力和畜力驱动，也可用水力驱动。这是我国将自然力运用于纺织机械一项重要的发明。从前引王祯《农书》所云水转大纺车在“中原麻苎之乡，凡临流处多置之”，说明我国在 13～14 世纪即已普遍应用以水力驱动的多锭纺纱机械了❶。

第四节　古代麻类纤维的织造机具

我国在远古时是以“手经指挂”来完成“织纫之功”的。所谓“手经指挂”，实质上就是编织，有平铺和吊挂两种方式。前者是将一根根纱线依次绑结在两根木

---

❶ 赵承泽. 中国科学技术史（纺织卷）[M]. 北京：科学出版社，2002.

棍上，再把经两根木棍固定的纱线绷紧；后者是将一根根纱线依次悬挂在离地齐人高的横木上，每根纱线下端捆绑一重物，以使纱线绷紧。无论平铺还是吊挂，都是用手指像编席或网那样进行有条不紊的编结。后来由于纤维加工技术有了显著进步，加工出的纱线日渐精细，再用“手经指挂”的方法编结，不但费工，而且柔软的纱线极易纠缠在一起，给操作带来困难，于是出现了具有开口、引纬、打纬三项主要织造运动的原始腰机。据考古资料，原始织机出现在新石器时期。再后来随着纺织技术的进步，又陆续出现了各种不同形制的踏板织机。无论是原始腰机，还是踏板织机，丝、麻、棉、毛纤维都可以织制。

一、原始腰机

原始腰机的纺织部件（图 2-19）在史前时期的遗址中多有发现，如 1975 年，在浙江余姚河姆渡新石器时代遗址第四文化层中，除出土了木制和陶制的纺轮外，同时还出土了打纬的木刀、骨刀、绕线棒及大大小小用于织造的木棍。据此，研究者参照我国目前一些少数民族仍使用的原始腰机结构（图 2-20）及其操作方法进行了对比研究，并将其还原出来。

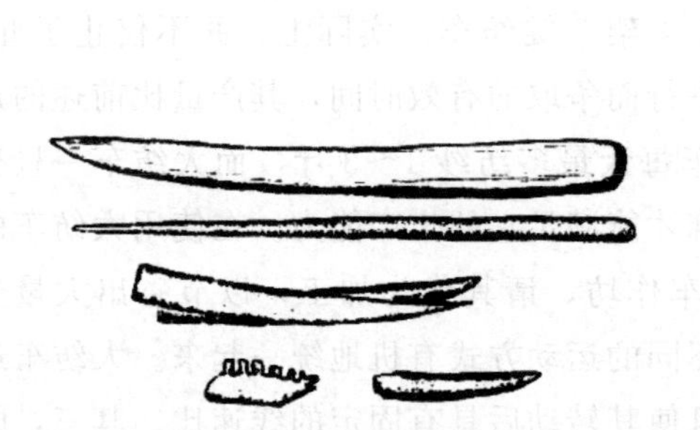

图 2-19 河姆渡新石器时代遗址出土的纺织部件

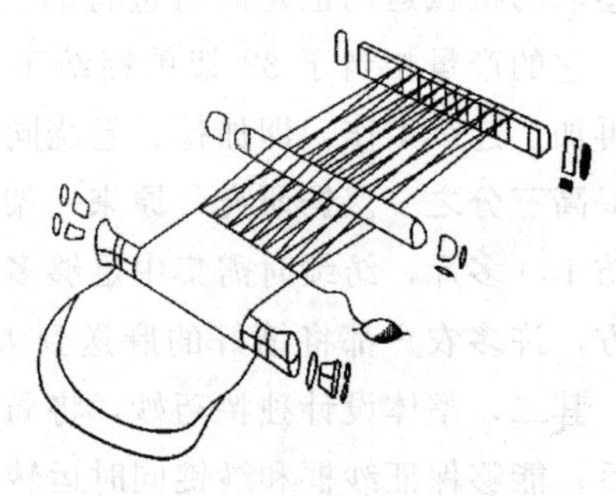

图 2-20 原始腰机结构

现在能看到的原始腰机最早图像资料出现在云南晋宁石寨山遗址出土的西汉青铜贮贝器盖上（图 2-21），在这个盖上，铸有一组古代少数民族妇女用原始织机织布的塑像（图 2-22）。塑像中妇女身着对襟粗布衣，席地而织。她们有的正在捻线，有的正在提经，有的正在投纬引线，有的正在用木刀打纬，塑像形态十分逼真，我们从中可形象地看到用原始织机织布的全过程。

原始腰机虽然结构简单，只有那么几根木棍，却包含了近代织机的几个要素，时至今日，很多少数民族地区仍在使用，而且不但用它织造简单的素织物，还通过增添分经杆和提花综杆数量来织造复杂的花织物，如现在黎族腰机上常用的分经杆和提花综杆即有 15 根。原始腰机多综提花结构如图 2-23 所示。织布实景如图 2-24 所示。提花综杆的制作方法是在一根竹或木直杆上将线编绕成综，综上编有综眼，需要提起的花经须穿入综眼。从现在掌握的资料，可知这种原始腰机上的多综杆提花方法应该在商代就已经出现，因为在不同地区出土的商代青铜器上，多次发现提花织物的遗痕。由于当时尚无踏板织机，这种提花织物似乎只能用它才能织造出来。

图 2-21　云南晋宁石寨山遗址出土的西汉青铜贮贝器

图 2-22　青铜贮贝器织妇示意图

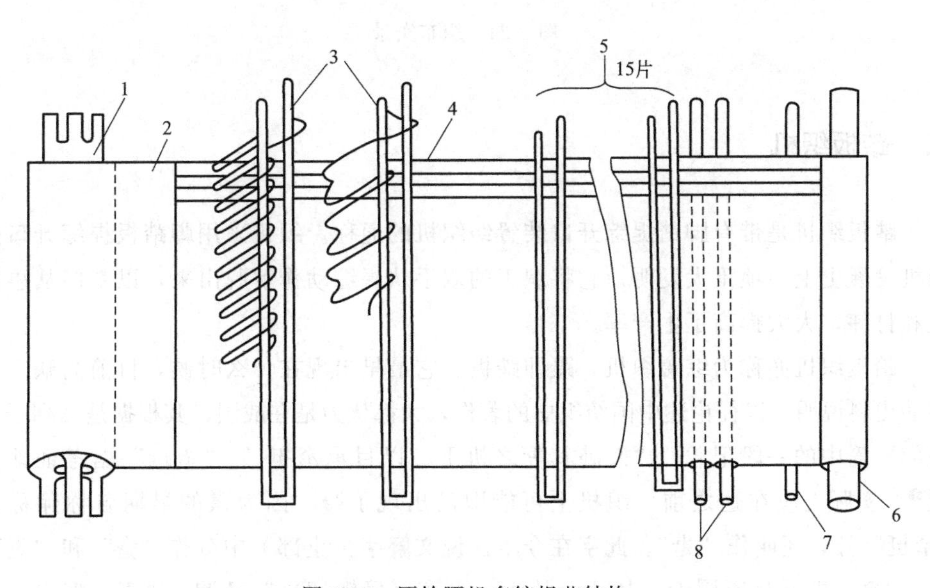

图 2-23　原始腰机多综提花结构

1—卷布轴；2—织物；3—地综；4—经纱；5—提花综杆；6—卷经轴；7—导纱棒；8—分经杆

图 2-24 织布实景

二、踏板织机

踏板织机是带有脚踏提综开口装置纺织机的通称。织机采用脚踏板提综开口是织机发展史上一项重大发明，它将织工的双手从提综动作解脱出来，以专门从事投梭和打纬，大大提高了生产率。

踏板织机亦称为综蹑织机，蹑即踏板。它最早出现在什么时候，目前尚缺乏可靠的史料说明。以往论述中国纺织史的著作，大都认为是在战国，其根据是《列子·汤问》篇中的一段记载："偃卧其妻之机下，以目承牵挺。""牵挺"据考证即为蹑[1]。实际上应在这之前，织机上可能即已出现了蹑。因为蹑的早期名称除称为"牵挺"外，还叫作"疌"。此字在今本《说文解字·止部》中分作"㚒"和"疌"。谓："㚒，机下足所履者。从止，从入，入声（尼辄切）。"又谓："疌，疾也。从止，从又。又手也。中声（疾叶切）。"两字结构基本相同，原本只是一字，既用于织蹑，也用于表示敏捷，后为便于区分，遂于"疌"字上加一"入"字，作织蹑的

[1] 杨伯峻. 列子集释 [M]. 北京：中华书局，1977.

专用词，所以《说文系传》解释“疌”字时始有“疌，机下所履者”以及“疾也”之说。可见“疌”字是古人专门为蹑造的会意字，其上半部之“⺻”，与织作直接有关，下半部像以足踏综有关，合起来即成为蹑。《说文》所言“从止，从又”即此之渭。而以足踏蹑的过程，短而且快，引伸之，所以又有疾速之意，再进一步，而又有胜克之意，并孳乳出捷、倢等字。“疌”字早在战国之前即已行用，现仍可在文献中找到一些资料，如《诗经·郑风·遵大路》：“遵大路兮，掺执子之祛兮，无我恶兮，不寁古也。”又载：“遵大路兮，掺执子之手兮，无我魗兮，不寁好也。”寁即疌，亦即疌，《经典释文》：“寁，本又作疌。”从宀，从广，古例可通作。《尔雅·释诂》：“寁，疾也。”《毛传》：“寁，速也。”据《诗》小序说，“遵大路”是刺郑庄公之诗，恐误。此二句肯定成于春秋或以前，但不一定是郑庄公之时，亦非刺之之作。“郑风”间有咏及男女情爱者，此亦其类，盖女子留恋男子而又怨之之词。“不寁古也”乃责其不加速旧有的情愫，“不寁好也”用意亦同，亦责其不加速美好的情愫。俱着重寁字所具的疾速之意。我们知道文字的产生和构成，是人类社会生活和意识的反映，《诗经》中出现寁、捷等字，可以判定中国传统织机开始加挂踏板的时间，可上推至西周，及至春秋，业已普遍行用[1]。

现在能看到的最早踏板织机实物是汉代的。2013 年，成都老官山汉墓出土了四部带踏板的织机（图 2-25）。据考证，这四部织机时间在西汉的景武时期（公元前 187 年～前 87 年）。与织机模型同时出土的还有 15 件彩绘木俑，木俑或立或坐，手臂的姿势也各不相同，根据木俑形态来推断，整个状态再现了一幕纺织工劳作的图景，甚至其中还有一名“监工”正在监督工作。此外，在其他地方的汉墓中也曾发现陶制织机模型（图 2-26）。在各地发现的数量众多画像石中，亦有九块画像石

图 2-25　成都老官山汉墓出土的织机

[1] 赵承泽. 织蹑产生的时间.

上面刻有织机。其中江苏铜山县洪楼（图 2-27）和江苏泗洪县曹庄出土的两块画像石中都有“曾母投杼”故事图，内容是讲春秋时孔子的学生曾参幼年时遇到的一件事。有一天曾参的母亲正在织布，有人进屋告诉她曾参杀了人，曾母起初不信，但后来经不住人们接二连三地告知，于是误信了，并生气地将手中的杼子掷在地上教训儿子。图中坐于机内，转身作训斥状的人即为曾母，拱手跪于落杼旁的是曾参。这些难得的刻有经典故事的汉代装饰石砖，是我们了解古代家庭纺织生产情况及早期斜织机结构极为重要的资料。

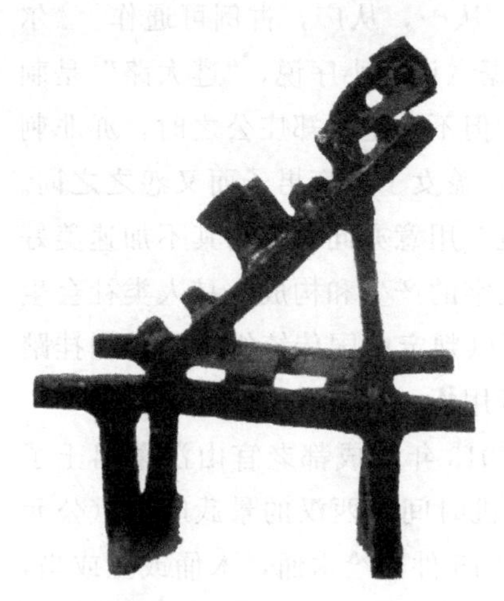

图 2-26　东汉釉陶织机模型

图 2-27　江苏铜山县洪楼出土东汉画像石

中国古代用于麻纱织造的常用踏板织机有单蹑单综机（图 2-28）、双蹑单综机（图 2-29）、双蹑双综机（图 2-30、图 2-31）、双蹑四综机（图 2-32）等几种形制。

图 2-28　单蹑单综机

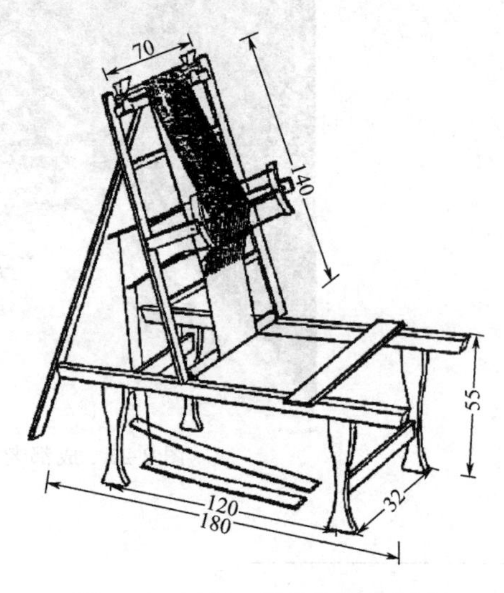

图 2-29　汉代双蹑单综机复原图

主要构件有机身、马头（或鸦儿木）、蹑、榎、縢、综、筘等，其中综、蹑、马头（或鸦儿木）系织机的提综装置（马头或鸦儿木因其外观形状酷似所言而得名）。筘的作用是用来控制经密、布幅和打纬，筘在织机上有两种安装方式：一是将竹筘连接在一个较重摆杆上，借助摆杆的重量打纬；二是将竹筘用绳子吊挂在两根弯竹杆下，借助弯杆的弹力打纬。

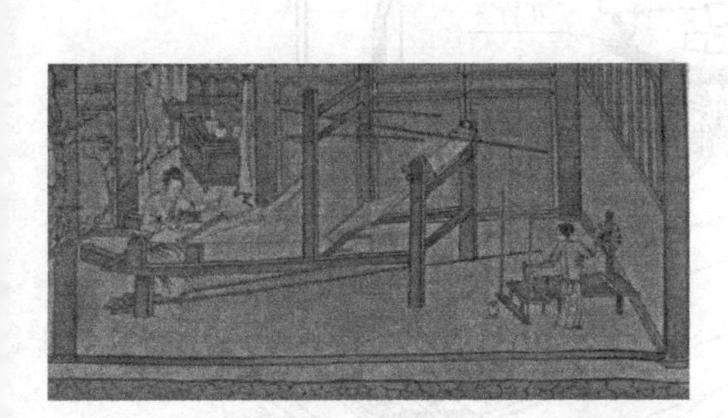

图 2-30　南宋梁楷的《桑织图》中的双蹑双综机

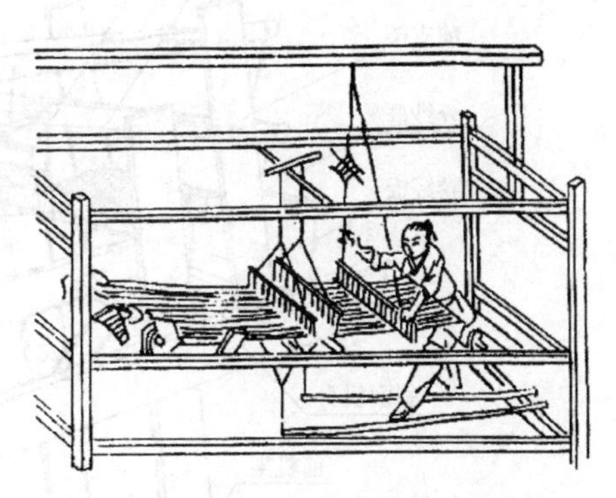

图 2-31　《桑蚕萃编》中的双蹑双综机

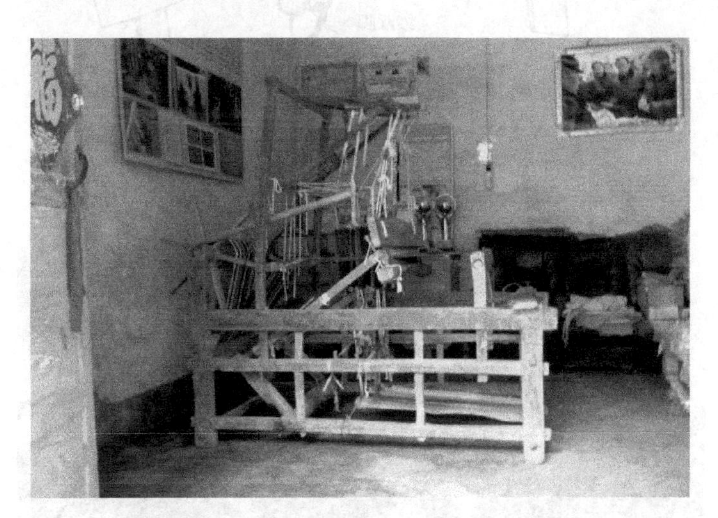

图 2-32　河北魏县仍在使用的双蹑四综机

除这些用于织造简单平纹、斜纹或变化斜纹组织的织机外，还有一种可织造提花组织的踏板织机，研究者将其命名为竹编花本机。在现在的广西境内少数民族地区，还可看到这种织机的两种不同形制。其中一种形制在广西侗族中广为使用，他们称之为“斜织机”（图 2-33、图 2-34）；另一种形制在广西壮族中广为使用，他们称之为“竹笼机”（图 2-35、图 2-36）。

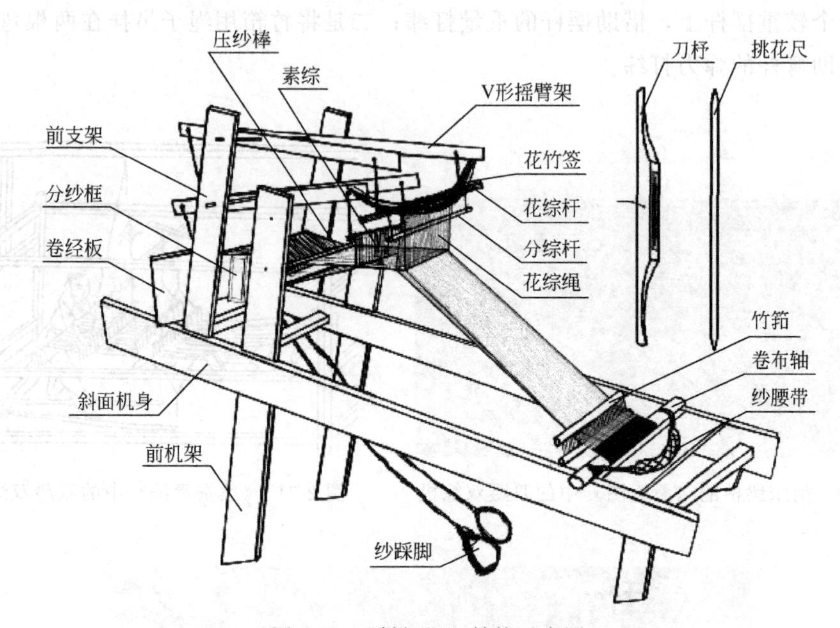

图 2-33 “斜织机”结构示意图

图 2-34 “斜织机”实景

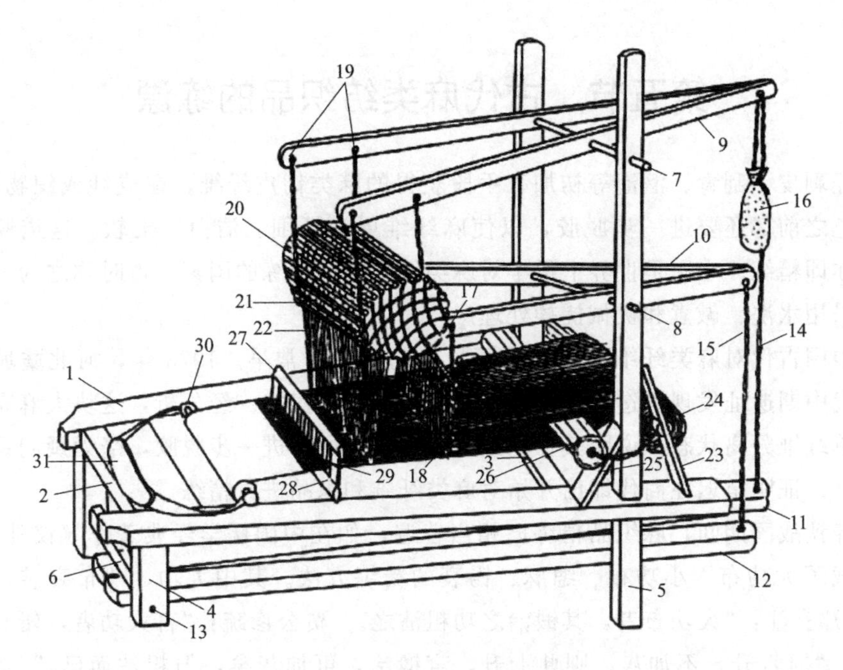

图 2-35　“竹笼机”结构示意图

1—排雁；2—前档；3—后档；4—前机脚；5—联体机柱；6—机脚档；7,8—摆臂杆肖；9—竹笼摆臂；10—地综摆臂；11—花蹑；12—地蹑；13—蹑杆肖；14,15—牵引绳；16—垂袋；17—地综杆；18—地综；19—环笼绳；20—竹笼；21—纹竿；22—纹综；23—H 形轴板；24—经轴；25—斜撑；26—分经筒；27—筘框；28—竹筘；29—框闸栓；30—卷布棍；31—腰带

图 2-36　“竹笼机”实景

第五节 古代麻类纺织品的练漂

经剥皮、刮青、沤泡等初加工手段获得的麻类韧皮纤维，在成纱或织物以后，于染色之前都还要进一步脱胶，以使麻纤维更为纤细、洁白、柔软。这道脱胶工序，亦即精练。中国是世界上最早对麻类纤维进行精练的国家，古时称之为“治”，主要采用水洗、碱煮和机械搓揉处理。

中国古代对麻类纤维和织品进行精练的时间非常早。1973年，河北藁城台西村商代中期遗址发现了迄今所见最早的精练麻织物实物。经分析，这块大麻布的纤维呈单纤维分离状态，说明其在沤渍、缉绩后还做了进一步脱胶，毫无疑问系精练麻织品。证明至迟在商代即已开始对麻类纤维和织品进行精练。

春秋战国期间，麻织品精练已相当普遍，如在中国儒学经典著作《仪礼》中，便记载了大功布、小功布、缌麻、锡衰的精练方法。其中大功，“布衰裳，牡麻绖”。郑玄注：“大功布者，其锻治之功粗沽之。”贾公彦疏：“言大功者，斩衰章。”传云：“冠六升，不加灰。则此七升，言锻治，可加灰矣，但粗沽而已。”文中的“锻治”乃椎捣之治。小功，“布衰裳，澡麻带绖……”。郑玄注：“澡者，治去莩垢，不绝其本也。”谓麻皮之污垢，濯治之，使略洁白也。亦即是说加工时纤维要求洗白而不伤纤维本身。缌麻，“朝服十五升，去其半而缌，加灰锡也”。说明加工这种麻布需加灰煮练。锡衰，传曰：“锡者何也？麻之有锡者也。锡者，十五升抽其半，无事其缕，有事其布，曰锡。”郑玄注：“谓之锡者，治其布，使之滑易也。”孔颖达正义：“加灰锡也者，取缌以为布，又加灰治之，则曰锡。言锡然，滑易也。”显然这种布料是在缌麻基础上进一步精练加工而成，手感更轻滑柔顺，而且它的精练加工比较复杂，须水洗、灰沤并结合日晒交替进行。

关于麻精练工艺的详细记载，在早期的文献中没有发现，但《考工记》中记载的“𢆶氏练丝”工艺，一些学者认为也适用于麻的精练[1]。谓：“湅丝，以涚水沤其丝，七日。去地尺暴之。昼暴诸日，夜宿诸井。七日七夜，是谓水湅。湅帛，以栏为灰，渥淳其帛，实诸泽器，淫之以蜃。清其灰而盝之，而挥之，而沃之，而盝之，而涂之，而宿之，明日沃而盝之。昼暴诸日，夜宿诸井。七日七夜，是谓水湅。”其工艺原理：一是利用日光中所含紫外线照射，使得纤维中的胶质溶解，色素降解，起到脱胶、漂白作用；二是利用昼夜温差和日光、水洗的反复交替产生的热胀冷缩，使丝纤维中残留的胶质析出并溶于水中；三是利用呈碱性的楝灰、蜃灰，加快整个脱胶过程。

---

[1] 刘克祥. 棉麻纺织史话［M］. 北京：社会科学文献出版社，2011.

在元代初年编成的《农桑辑要》中，首次出现了有关麻精练工艺的详细记载，谓："其绩既成，缠作缨子，于水瓮内浸一宿，纺车纺讫，用桑柴灰淋下，水内浸一宿，捞出。每纑五两，可用一净水盏细石灰拌匀，置于器内，停放一宿，至来日，择去石灰，却用黍秸灰淋水煮过，自然白软，晒干。"桑柴灰和黍秸灰的水溶液均呈碱性，有很好的脱胶作用，故中国古代也把这种方法称为"灰治"。此外，在元代王祯的《农书》里，还载有一种类似的但又结合日晒的方法：先将麻皮绩纺成长纑，和生石灰拌和三五天后，放入石灰水煮练，然后再用清水冲洗干净，摊放在平铺于水面的芦帘上，半晒半浸，日晒夜收，直至麻纱洁白为止。这无疑是在前一种灰治的基础上发展而成的。半浸中晒，是利用日光紫外线进行界面化学反应产生臭氧，对纤维中的杂质和色素进行氧化，使色素集团变为无色集团，从而在精练的同时，又起到漂白的作用，从而更有利于制织高档的麻织品。

麻类纤维及其制品除用碱剂精练外，历史上也曾利用硫黄漂白。目前所知有关硫黄漂白的较早文字记载见于宋代《格物粗谈》，谓"葛布年久则黑，将葛布先洗湿，入烘笼内铺着，用硫黄薰之，色则白"。麻纤维和葛纤维的性质相近。其工艺原理是：硫黄燃烧后，在有水存在时，可发生反应，产生初生态氢。初生态氢具有强烈还原能力，能使纤维上的天然色素还原而达到漂白效果。在湖南浏阳地区农村中，至今还采用燃烧含有硫黄的褐煤以薰白苎麻的工艺。

第六节　古代麻类纺织品的染色

中国古代为织物施色的着色剂分为两大类，即植物染料和矿物颜料。古代所谓的染料是指能溶于水并能上染纤维的色素，而颜料是指不溶于水的色素，它不能直接上染纤维，必须借助于其他手段固着。以植物染料施染的工艺称为"草染"，以矿物颜料施染的工艺称为"石染"。中国古代织物染色以矿物颜料为始端，后发展为以植物染料为主。

一、几种重要的矿物颜料

中国使用矿物颜料作为施色剂，起源于旧石器时代中晚期。据考古报告，最早用于施色的矿物颜料是赭石，在山顶洞人文化遗址的洞穴中，曾发现一堆赭石粉和用之涂成红色的石珠、鱼骨、兽牙等装饰品。而且这些装饰品上系带用孔、槽也都呈红色，所以系带可能也是用赤铁矿粉涂染过。其次是朱砂，青海乐都柳湾马家窑文化墓地一具男尸下曾发现撒有朱砂[1]。赭石和朱砂均为红色颜料，原始人除用它涂绘饰物外，还将它作为殉葬物放于墓中，可能出于对太阳、火或血液的崇拜。再后来，特别是到了商周时期，使用的矿物颜料种类越来越多，并在此时将矿物颜料涂色称为“石染”。

由于矿物颜料在涂绘织物过程中没有化学反应发生，只是附着在织物表面或渗入织物缝隙间，颜料与纤维之间没有亲和力，因此为加强涂绘牢度，往往要借助一些诸如淀粉、树胶、虫胶类的黏合剂，使颜料更好地附着在纤维上。石染的一般方法是：先把矿物颜料研磨成极细粉末后，掺入黏合剂，再根据用途加水调成稠浆或稀浆状。稠浆是以涂刮的方式涂覆在织物上，稀浆是以浸泡的方式附着在织物上。

下面将赭石、朱砂、石绿、蜃灰、墨和石墨等几种重要的矿物颜料及制取方法做些简单介绍。

赭石，又称赤铁矿，化学成分为三氧化二铁，虽也有氧化亚铁，但色光黯淡且过于坚硬，研磨费力，故而一般不用作颜料。赭石是世界上使用最早的颜料，以它涂染稳定持久，但由于色光较黯淡，商周及以后，成为一种低劣的颜料，或用于表示惩罚人犯的黥面，或用于涂染犯人囚衣等，以致“赭衣”竟成了囚犯的同义语。赭石的制取，一般先研磨为细粉，后漂洗，又称水飞。亦有直接研用者，去浮面及沉淀不匀者，取中间匀净部分即可用。

朱砂，又名丹砂，为红色矿物颜料，主要化学成分是红色硫化汞，属辉闪矿类，在湖南、湖北、贵州、云南、四川等地都有出产，是古代重要的红色矿物颜料。由于朱砂色泽纯正，所以它与赭石的命运相反，商周及至汉代，一直是高贵的矿物颜料。在北京琉璃河西周早期墓葬、宝鸡茹家庄西周墓中都发现过有朱砂涂抹痕迹的织物残片。在长沙马王堆一号汉墓出土的大批彩绘印花丝织品中，也有不少红色花纹都是用朱砂绘制的，如其中一件红色菱纹罗锦袍，尽管在地下埋藏了2000多年，其上面用朱砂绘制的红色条纹，色泽依然十分鲜艳。古人出于对朱砂鲜艳颜色的喜爱，还常常用它来形容人的美貌，《诗经·终南》中赞美秦襄公的容颜像丹砂一样红润的诗句“颜如渥丹，其君也哉”，便是一例。朱砂的加工，采用先研后漂的方法，即先把辰砂矿石粉碎，研磨成粉，然后经过水漂，再加胶漂洗。在水中，辰砂由于重力差异而分为三层，上层发黄，下层发暗，中间呈朱红。尤以中间的色光和质量为佳，谓之朱标。陕西宝鸡茹家庄出土的朱砂恰为朱红色，说明我国在西周时期就已掌握了朱砂的制作技术。由于朱砂的研磨和提纯加工过程费时费力，致使产量很低，远远满足不了需要，西南少数民族便以朱砂作为贡品，进献给中原王朝，故《汲家周书》有“方人以孔鸟，濮人以丹砂”来贡的记载。

---

[1] 青海省文物管理处考古队，中国社会科学院考古研究所. 青海柳湾——乐都柳湾原始社会墓地［M］. 北京：文物出版社，1984.

石绿，又名空青，因其矿物呈天然翠绿色而又得名孔雀石，为铜矿物的次生矿物，产于铜氧化带，成分是含有结晶水的碱式碳酸铜，可以用之染蓝绿色。石绿结构疏松，研磨容易，色泽翠绿，色光稳定，用于颜料的历史悠久。早在《周礼·秋官》里便有记载："职金，掌凡金、玉、锡、丹、青之戒令。"石绿共生于铜矿，我国已发现的规模最大、保存最完整的古代铜矿遗址，是湖北大冶铜绿山春秋战国时期矿冶遗址。其南北长约2千米，东西宽约1千米，遗留的炼铜矿渣在40万吨以上，表明其冶炼规模之大和开采时间之长。由此可见石绿的使用当在西周时期或更早，亦说明它是和朱砂一样重要的矿物颜料。传统的加工方法是：将铜绿粉或糠青与熟石膏粉，加水适量拌匀，压成扁块，用高粱酒喷之，则表面显出绿色，切成小块，干燥即得。也可以将醋喷在铜器上加速其生成绿色的锈垢，刮取之。

墨即为我国历来所谓的"文房四宝"之一的墨，它是以松柴或桐油的炭黑（经过焚烧）和胶制成的，颜色纯黑（有的墨发紫光，是制墨时加入苏木的原因）。历代彩绘衣着上的黑色，基本都是用墨绘制。石墨（矿物）是煤或碳质岩石受区域变质作用或岩浆侵入作用的影响而形成，颜色呈铁灰色或钢灰色。我国古代也有用石墨在衣着上设色的，见于记载的是安徽黟县的情况。自六朝以来，黟县群众每以其地所产石墨处理布匹，使之具有深灰的色彩。

二、几种重要的植物染料

植物染料的染色之术，传说远始于轩辕氏之时，在许多古文献中都载有：黄帝制玄冠黄裳，以草木之汁，染成文采。对比矿物颜料，虽然两者都是设色的色料，但它们的作用却是很不相同的。以矿物颜料施色是通过黏合剂使之黏附于织物的表面，其本身虽具备特定的颜色，却不能和植物染料染色相比，所施之色也经不住水洗，遇水即行脱落。植物染料则不然，在染色时，其色素分子由于化学吸附作用，能与织物的纤维亲和，而改变纤维的色彩，虽经日晒水洗，均不脱落或很少脱落，故谓之"染料"，而不谓之"颜料"。利用植物染料染色，至迟自商周时期起，一直是我国古代染色工艺的主流。

据统计，中国民间利用的植物染料数量达70余种，见于古文献记载且当今有名可考的亦有50种，它们分别是：茜草、红花、苏木、棠梨、落葵、都捻子、冬青、番红花、紫檀、紫草、虎杖、荩草、栀子、黄栌、地黄、黄檗、小檗、姜黄、郁金、槐树、栾树、柘树、丝瓜、鼠李、鸭跖草、菘蓝、蓼蓝、马蓝、木蓝、麻栎、胡桃、鼠尾草、乌桕、狼把草、黄荆、椑柿、榉柳、栲、榛、桑、莲、茶、杨梅、黑豆、菱、栲、扶桑、薯莨、鼠曲草[1]。这些染料因其染色原理一般分作直接

[1] 朱新予. 中国丝绸史（专论）[M]. 北京：中国纺织出版社，1997：220-224.

图 2-37 红花

染料、还原染料和媒染染料三大类，其中媒染染料也包括一些直接染料和还原染料。不同类别的染料采用的制取方法和染色工艺是有差别的。下面仅简单介绍一下有代表性的直接染料——红花、还原染料——蓝草、媒染染料——槐米，这三种非常重要且被广泛使用的植物染料及染色方法。

1. 直接染料——红花

又名黄蓝、红蓝、红蓝花、草红花、刺红花及红花草，是一年或二年生草本植物，株高达 4～5 尺，叶互生，夏季开呈红黄色的筒状花。红花如图 2-37 所示。红花的花冠内含两种色素：其一为含量约占 30%的黄色素；其二为含量仅占 0.5%左右的红色素，即红花素。其中黄色素溶于水和酸性溶液，在古代染料价值不高，而在现代常用于食物色素的安全添加剂。含量甚微的红花素则是红花染红的根本之所在，它属弱酸性含酚基的化合物，不溶于水，只溶于碱液，而且一旦遇酸，又复沉淀析出。红花染色便是利用红花的这一化学性质，让它在中性或弱酸性溶液中形成鲜红的色淀沉积在纤维上。

从考古发现来看，红花是人类最早利用的植物染料之一，约在距今 5000 年之前，古埃及已开始应用红花染料了。中国利用红花的时间是在汉代，晋代张华《博物志》载“张骞得种于西域，今魏地亦种之”，表明在汉代一些地方很可能已将红花作为染料使用。魏晋时期，北方焉支山是红花最重要产地。东晋习凿齿《与燕王书》载：“山下有红蓝，足下先知否？北方人采取其花染绯黄，挼取其上英鲜者作烟支，妇人用为颜色。今始知为红蓝后，当致其种。”《西河旧事》载有当时匈奴人悲叹的歌谣：“失我祁连山，使我六畜不蕃息，失我焉支山，使我妇女无颜色。”文中“其上英鲜者”，即红花素。由此可知当时已经认识到红花中所含两种色素的性质、用途，并能将其分别提取出来用于染色和制造胭脂。南北朝时由于红花染料的普遍使用，北魏贾思勰在《齐民要术》中首次将红花的种植和提取技术做了详细介绍。其时种植红花可获得厚利，河北、山东一些地方甚至还发生了“强借百姓麦地以种红花”❶ 之事。唐以降，红花染料由于染色工艺简便，一直是最重要的染红染料。其用量之大，所染色泽之鲜艳，人们的喜爱程度，可从一些文献描述中窥知一二。唐白居易《红线毯》诗句：“染为红线红于蓝，织作披香殿上毯。披香殿广十丈余，红线织成可殿铺。”“染为红线红于蓝”的意思是红花素所染颜色较之红花（红蓝花）本身更鲜红。广十丈余的线毯全部以红花染色，可以想见其用量之多。

❶ ［唐］李延寿. 南史 · 循吏传 · 王洪范 ［M］. 北京：中华书局，1974.

唐李中《咏红花》诗句："红花颜色掩千花，任是猩猩血未加。"南宋周去非《岭外代答》记述广西所产上等麻纤维布"練子"及"花練"，"以染真红，尤易着色"。

红花染料属直接染料，制备形式一般有两种：一种可称为干红花；另一种是红花饼。干红花的制作法在《齐民要术》中有详细记载，并称为杀花法。其方法是：先捣烂红花，略使发酵，和水漂洗，以布袋扭绞黄汁，放入草木灰中浸泡一些时间，再加入已发酵之粟饭浆中同浸，然后以布袋扭绞，备染。按草木灰溶液呈碱性，而发酵的粟饭浆液呈酸性。红花饼制法最早见于晋代张华《博物志》，但以明代宋应星《天工开物》所载最为详细："带露摘红花，捣熟，以水淘，布袋绞去黄汁；又捣，以酸粟或米泔清又淘，又绞袋去汁。以青蒿覆一宿，捏成薄饼，阴干收贮。染家得法，'我朱孔扬（阳）'，所谓猩红也。"在制饼过程中加入青蒿可防止红花饼霉变。在染色时为使红花染出的色彩更加鲜明，要用呈酸性的乌梅水来代替发酵之粟饭浆使红色素析出。《天工开物》载：染"大红色。其质红花饼一味，用乌梅水煎出，又用碱水澄数次。或稻稿灰代碱，功用亦同。澄得多次，色则鲜甚。染房讨便宜者，先染芦木打脚。"又载：染"莲红、桃红色，银红、水红色。以上质亦红花饼一味，浅深分两加减而成。是四色皆非黄茧丝所可为，必用白丝方现。"

2.还原染料——蓝草

在古代使用过的诸种植物染料中，它应用最早、使用地域最广。我国利用蓝草染色的历史，至少可从两千多年前的周代说起，《诗经》中"终朝采蓝，不盈一襜"的诗句，说明春秋时的人们确曾采集蓝草，用于染色。《礼记·月令》中也有"仲夏之日，令民毋艾蓝以染"的叙述，说明战国至两汉之间，人们不但用蓝草染色，而且大量种植，以备收获，并规定不到割刈之时，不准随便采撷制取。西汉以来，蓝草被当作经济作物大面积种植，有很多人以种蓝为生，如《后汉书·杨震列传》注云："（震）少孤贫，独与母居，假地种殖，以给供养，诸生尝有助种蓝者。"杨震是东汉时期名臣，通晓经籍、博览群书，有"关西孔子杨伯起"之称。不应州郡礼命数十年，至五十岁时，才开始步入仕途。由这段记载可知他入仕前很长一段时间都是以种蓝为生，亦说明当时人工种植蓝草之普遍。

蓝草叶中含有靛质，是典型的还原染料。最初用蓝草染色，采用的便是鲜蓝草叶发酵法，即直接把蓝草叶和织物揉在一起，揉碎蓝草叶，让液汁浸透织物；或者把织物浸入蓝草叶发酵后的溶液里，然后再把吸附了原靛素的织物取出晾放在空气中，使靛质转化为靛蓝，沉积固着在纤维上。这种方法染色受季节限制，因为植物色素在植物体内难以长期保存，采摘的鲜叶必须及时与织物浸染，否则会失去染色价值。故在制靛技术出现以前，染色只能在夏秋两季进行。大约在魏晋时期，制靛技术出现。北魏贾思勰在其著作《齐民要术》中记载了当时用蓝草制靛的方法："刈蓝倒竖坑中，下水"，用木头或石头镇压蓝草，以使其全部浸于水中。浸渍时间是“热时一宿，冷时再宿”。然后将浸液过滤，置于瓮中，再按1.5％的比例往滤液中加石灰，同时用木棍急速搅动滤液，使溶液中的靛苷和空气中的氧气加快化合，待产生沉淀后，“澄清泻去水”，另选一“小坑贮蓝靛”，再等它水分蒸发到“如强粥”状时，则“蓝靛成矣”。唐宋以来，各个朝代的许多书里对造靛方法也都有所论述，其中最为大家熟悉的是明代宋应星的《天工开物》里所说：造靛时，叶与茎量多时入窖，量少时入桶与缸。用水浸泡七天，蓝汁就出来了。每一石浆液，放入石灰五升，搅打几十下，蓝靛就凝结了。水静止以后，靛就沉积在底上。与北魏时期相比，明代造靛用石灰比例增加，为100∶5，而北魏是100∶1.5，而且入缸时“必用稻灰水先和”并每日频繁搅动。这是因为北魏时期制靛是将靛块置坑中，慢慢蒸发水分得到靛块，还原反应过程慢，因而比较充分；而明代制靛过程加快，为使碱剂与靛素还原反应充分，在入缸前加入稻灰水。这些手段的采用都是为了保证得到质量优良的靛蓝染料并缩短制造周期❶。

在使用经化学加工制取的靛蓝染色时，需先将靛蓝入于酸性溶液之中，并加入适量的酒糟，再经一段时间的发酵，即成为染液。染色时将需要染色的织物投入浸染，待染物取出后，经日晒而呈蓝色。其染色机理是酒糟在发酵过程中产生的氢气（还有二氧化碳）可将靛蓝还原为靛白。靛白能溶解于酸性溶液之中，从而使纤维上色。织物既经浸染，出缸后与空气接触一段时间，由于氧化作用，便呈现鲜明的蓝色。石灰、酒糟即为还原剂，此外也有以草木灰汁、牛溲等为还原剂者。为增加上染率，民间染蓝多采用复染工艺。所谓复染，就是把纺织纤维或已制织成的织物，用一种或两种以上染液反复多次着色，使颜色逐渐加深。这是因为植物染料虽能和纤维发生染色反应，但受限于彼此间亲和力的高低，浸染一次只有少量色素附着在纤维上，得色不深，欲得理想浓厚色彩，须反复多次浸染。而且在前后两次浸染之间，取出的纤维织物不能拧水，直接晾干，以便后一次浸染能进一步更多地吸附色素。马王堆汉墓曾出土有青罗，其青色所用染料经薄层分析，可以清楚地看到，靛素染料的蓝色色斑及另一种染料的粉红色色斑被分离的状况。此外，在对该墓出土的其他丝织品上藏青、蓝绿、藏青黑三种原样色泽进行剥色后得到的萃取液中，也可以清楚地看到蓝色染料。这说明以上分析的染料样品虽为复色，即几种染料拼染或套染的色谱，但靛蓝是其中主要的色谱❷。

因凡可制取靛青（即靛蓝）的植物，皆可称“蓝”，可以说是蓝染植物的统称，原植物有很多种，兼之它们是使用地域最广、用量最大的染料植物，所以从很早开始，各地对蓝草的习用名便已五花八门，并随着书籍记载的混乱和知识的流传，人们的理解就出现了偏差，造成了用于制靛染蓝的蓝草品种非常多的误解。据今人研

---

❶ 赵承泽.中国科学技术史（纺织卷）[M].北京：科学出版社，2002.

❷ 上海纺织科学研究院.长沙马王堆一号汉墓出土纺织品研究[M].北京：文物出版社，1980.

究，实际上用于染蓝的常用蓝草品种只有寥寥四种，分别是蓼蓝、菘蓝、木蓝和板蓝[1]。其中蓼蓝（图 2-38），又叫蓝靛草，是蓼科一年生草本。一般在二、三月间下种，六、七月成熟，即可第一次采摘草叶，待随发新叶九、十月又熟时，可第二次采摘。马蓝（图 2-39），又叫葴、大叶冬蓝、山蓝，是爵床科多年生灌木。蓼蓝和马蓝这两种蓝在中国种植最广泛，时间最早。

图 2-38　蓼蓝

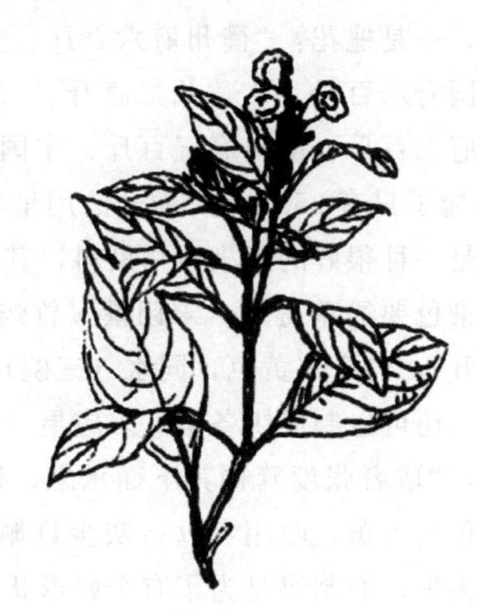

图 2-39　马蓝

3. 媒染染料——槐花

槐花是豆科植物槐树的花蕾和成熟花朵。槐蕾呈黄绿色，形状像米，因此又叫槐米。槐花内含有一种属媒染性的色素芸香苷，能和多种媒染剂作用，染出各种不同的色彩。如与锡媒染剂得艳黄色；与铝媒染剂得草黄色；与铬媒染剂得灰绿色。

槐树早在周代时已为人们关注，《周礼·秋官》有“外朝之法，……面三槐，三公位焉”之说。吴澄注云：“槐之言怀也，怀来人于此也。”王安石释云：“槐华黄，中怀其美，故三公位之。”《春秋元命苞》云：“槐之言归也。古者树槐，听讼其下，使情归实也。”三公是周代三种最高官职太师、太傅、太保的合称，因周代朝廷种三槐九棘，公卿大夫分坐其下，面对着三槐者为三公座位，故后人用三槐比喻三公，成为三公宰辅官位的象征，槐树也由此成为中国著名的文化树种。在成书不晚于西汉初年的《尔雅·释木》里，提到了几个槐树的不同品种，在北魏贾思勰《齐民要术》中也记载有槐树的种植技术，但都未言及槐米是否用于染色。直到唐代陈藏器《本草拾遗》中才明确出现槐花染黄的记载，谓：“花堪染黄，子上房七月收之染皂。”所以，估计在唐代时槐米才步入中国染料行列，并在宋以后成为最重要的染黄染料。

---

[1] 张海超，张轩萌. 中国古代蓝染植物考辨及相关问题研究［J］. 自然科学史研究，2015，(3)：330-341.

在自然界中，绝大部分植物都能由绿泛黄，黄是植物界最普遍的色彩之一。因此，染料植物中能染黄的植物染料是最多的，除槐米外，还有栀子、郁金、柘木、黄栌、黄檗、地黄、姜黄、荩草等，但这些植物染料的色牢度均不如槐米，这也是明清时期染黄多用槐米的原因。以栀子为例，方以智《物理小识》云："栀子染黄，久而色脱，不如槐花。"《明会典》记载的两则岁贡染色物料记录[1]也可为这个观点提供旁证，一是槐花："衢州府六百斤、金华府八百斤、严州府六百斤、徽州府一千斤、宁国府八百斤、广德州二百斤。"二是栀子："衢州府五百斤、金华府五百斤、严州府二百斤、徽州府五百斤、宁国府五百斤、广德州二百斤。"槐花岁贡达4000斤，栀子只有2500斤，栀子的用量比槐花少了近40%。

槐花是一种很好的媒染植物染料，其色素一般均可直接用水煎出，因此较之靛蓝和红花染色要简单得多。宋诩撰《竹屿山房杂部》载有其染色方法，谓："黄用槐花（半升），炒令焦黄色，同水（三碗）煎数沸，候色浓加白矾（半两）滤。"除此方法外，还可以制成饼备染。宋应星《天工开物》载有槐花饼制法，谓：花未开者曰槐蕊，"取者张度箕稠其下而承之，以水煮一沸，漉干捏成饼，入染家用。既放之花，色渐入黄，收用者以石灰少许晒拌而藏之"。显然石灰晒拌是为了干燥，以防色素丢失，而制饼是为了有个好形状，以便运输和出售。

媒染工艺不外乎同媒法、预媒法、后媒法和多媒法四种。其中同媒法是将织物直接放在加有媒染剂的染液中染色；预媒法是将媒染剂溶于水，织物先在这个水溶液浸泡一段时间后取出，再放入溶液入染；后媒法与预媒法正好相反，即先将织物在染液中浸染一段时间后取出，再放入有媒染剂的水溶液浸泡。它的特点是先以亲和性不很强的染料上染，使染料在纤维上和染浴中达到平衡、匀染，然后用媒染剂使其在纤维表面形成络合，并可根据需要掌握后媒浓度，以达到适当的色彩。因此，它较之于同媒或预媒的优点在于匀染好，终点准。前引宋诩撰《竹屿山房杂部》所载槐米染色，即为后媒法。

---

[1] 明会典//文渊阁四库全书：史部十三［M］. 台北：台湾商务印书馆，1983.

古代的麻织产品

古代麻织产品的种类和织造时运用的织物组织远不如丝织产品那样繁多，基本上是以精、粗来分类。所谓的精，是指单位面积内经纱根数多，反之则为粗。其粗细程度是用“升”或“緵”来表示。“升”或“緵”指经纱的根数，80 根经纱谓之一“升”。战国和秦汉时期布幅的标准宽度均为二尺二寸（汉尺，合今天约 44cm），在这个固定的宽度内观察其升数多少，便可知布的精粗程度。按此计算 80 根为一升，160 根为二升，依次类推。升数越高，布越细密。参照这个数据来看，长沙曾出土战国时期作为吉服所用的十五升麻布，但这还不是最细的，最细的麻布升数往往可以达到三十升，精细程度可与丝织品媲美。精麻产品是官宦权贵的礼服或炎热季节的服装用料；粗麻产品则为普通老百姓和贩夫走卒的服装用料，不过上层权贵的丧服用料也讲究用粗布。也正是由于古代老百姓日常服用麻布，乃至“布衣”遂成为了平民百姓的代称。

下面按朝代顺序，对商周及以后文献中记载的麻织产品做些简单的梳理，并结合出土实物做些说明，以便我们了解历史上各个时期和各地曾生产出的大麻、苎麻和蕉葛产品。

第一节 大麻织品

商周时期，因大麻布是最重要的服装用料，因而受到统治者的高度重视。周代专门设有管理麻布生产的官吏，官办和民间织麻布手工场规模都相当大。当时麻布的质量标准已有明确的规定，《礼记·王制》记载："布帛精粗不中数，幅广狭不中量，不鬻于市。"《汉书·食货志》载：周初，姜尚建议建立布帛的规格制度，规定"布帛广二尺二寸为幅，长四丈为匹"。文中的"布"是指麻布和葛布；"帛"是指丝绸。不管是精细还是粗糙的布帛，只要经线根数不符合相应标准，幅宽不符合二尺二寸，匹长达不到四丈，不能用它纳贡和上市售卖。《韩非子》里有一段吴起休妻的故事，很能说明当时社会对产品规格的重视。故事大意是战国时吴起让其妻织布，因为看见妻子所织的幅宽比规定的窄，便让她修改。其妻说：经纱已经上机，况且我已经织完了一部分，现在无法更改。吴起听了大为恼怒，立即休妻，把她赶走了。这个故事一方面说明吴起毫不理会妻子不能中途改变幅宽的难处，另一方面也说明幅宽不合标准是不应该出售的。

在西周时期确立的冠服制度中，严格规定了不同地位的人所穿的相应衣服。按此规定，奴隶和罪犯只能穿七升到九升的粗布做成的衣服，一般平民可以穿十升到十四升的麻布做成的衣服，十五升以上的细麻布专供社会上层身份地位高的人做衣料。王室公卿在不同礼仪场合，所穿麻衣也有不同形式、颜色，如祭祀有吉服，朝拜有朝服，丧葬有凶服。《诗经·曹风》"蜉蝣掘阅，麻衣如雪"诗句中的麻衣，据郑玄笺："麻衣，深衣。"此"深衣"，据传起源于虞朝的先王有虞氏，是把衣、裳连在一起包住身子，分开裁但是上下缝合，因为"被体深邃"，因而得名。为古代诸侯、大夫等阶层的家居便服，也是庶人百姓的礼服。其剪裁所用布料，据《仪礼·士冠礼》郑玄注："朝服者，十五升布之而素裳也。"又有："深衣者，用十五升布，全般濯灰治，纯之以采。"这种麻布料经纱密度每厘米约 24 缕，相当于现代绢的密度的一半，是比较精细的。最精细的三十升大麻布，曾被用来做诸侯的弁冕（一种官员礼帽），这在文献中也有记载。《仪礼·士冠礼》郑玄注："爵弁服，冕之……其布三十升。"

在宗教意识不甚发达的古代中国，祭祀等原始宗教仪式并未像其他一些民族那样发展成为正式的宗教，而是很快转化为礼仪、制度形式来约束世道人心。《仪礼》便是一部详细的礼仪制度章程，告诉人们在何种场合下应该穿何种衣服以及采取什么样的礼仪行为。以前人们说这部书是周公姬旦所作，不大可信，《史记》和《汉书》都认为其出于孔子。礼仪也好，礼俗也好，历史传承性是毋庸置疑的。现实生活中长辈去世则亲人和子孙披麻戴孝的习俗，追根溯源也是与这个时期制定的丧服制度有关联的。当时丧服所用布料则是根据服丧者与死者的亲疏和地位尊卑关系分为五种，即斩衰、齐衰、大功、小功、缌麻。这五种丧服合称"五服"，其中斩衰是丧服中最重的一种，服期为三年，服丧范围是诸侯为天子、儿子为父亲、妻妾为丈夫、没有出嫁或出嫁后因某种原因返回娘家的女儿为父亲服丧等。是用三升或三升半粗麻布制作，麻布纤维未经脱胶，且制作时不缝边，让断了的线头裸露在外边。齐衰是丧服中的第二等，服期一般为一年，服丧范围是儿媳为公婆、丈夫为妻子、儿子为母亲、孙子为祖父等。是用四升粗麻布制作，麻布纤维没有脱胶但缝边，制作上比斩衰稍微精细一些。大功是丧服中的第三等，服期为九个月，服丧范围是公婆为长媳、已嫁女为兄弟等。它是用八升或九升牡麻布制作，麻布纤维经稍微脱胶处理。小功是丧服中的第四等，服期为五个月，服丧范围是外孙为外祖父母、为伯叔祖父母等。用十升或十一升麻布制作，颜色比大功麻布略白，纤维选用和加工也比大功略精。缌麻是丧服中最轻的一种，服期为三个月，服丧范围是女婿为岳父母、外甥为舅舅、儿子为乳母等。是用细如丝的麻纤维制作而成。《仪礼·丧服》记载："缌者，十五升抽其半，有事其缕，无事其布，曰缌。"郑玄注："缌，治其缕，细如丝。"说明这种麻布精细程度已与朝服相同，不过密度减半，以辨别凶服和吉服。此外，还有一种不在"五服"之内，比缌麻等级更轻的名"锡衰"的丧服。这种丧服布料是在缌麻布料基础上进一步精练加工而成，手感更轻滑柔顺。

先秦时期生产的大麻布实物，在多处同时期墓葬中有所发现。如1978年，在福建武夷山白岩崖洞墓船棺中，发现距今约3445年的三块大麻布残片，属平纹组织，经密20～25根/cm，纬密15～15.5根/cm，相当于十二升到十五升布，是比较细的大麻布品种❶。1973年，在河北藁城台西村商代遗址和墓葬中，出土两块大麻平纹织品，其中一块经密14～16根/cm，纬密9～10根/cm；另一块经密18～20根/cm，纬密6～8根/cm，相当于十升布。1978年，在江西省贵溪县鱼塘公社的崖墓中，发现有春秋时代的三块大麻布残片，有黄褐、深棕、浅棕三色，经密8～10根/cm，纬密8～14根/cm。

汉唐时期，大麻布除被用作庶民的日常服装衣料，还大量被用作军队服装衣料。考古工作者曾在新疆中部罗布淖尔北岸古烽燧亭中出土了一些大麻织物，同在该亭出土的汉简证明：这些大麻织物是黄龙年间（公元前49年）汉宣帝派驻军队的遗留物。这些出土的大麻织物中，有一条短裤、一块禅衣残片、一块油漆麻布残片和一只布囊。该短裤当时的名称是合裆裈。根据布料纹路放大照片图分析，其织物组织为平纹，经向密度为每厘米约28根，约合十七升布。在湖南长沙和陕西西安也曾有西汉大麻布出土。在长沙马王堆一号汉墓的尸体包裹物中，发现了一些大麻布，这些大麻布幅宽45cm，共有经线810根，约合十升布。在西安灞桥附近也曾发现被用来做包裹布使用的大麻布，其经向密度每厘米19～20根，纬向密度每厘米约18根，合十二升布❷。新疆还曾出土过一块上写有"洋州慈利县调布"字样的唐代大麻布，经检验分析，其纤维投影宽度为17μm，纤维截面面积为98μm^2，支数为6891公支，断裂强度弱于12gf，断裂伸长率强于2%❸。能加工出

❶ 福建省博物馆等.福建崇安武夷山白岩崖洞墓清理报告［J］.文物，1980，(2).

❷ 上海市纺织科学研究院等.长沙马王堆一号汉墓出土纺织品的研究［M］.北京：文物出版社，1980.

❸ 陈维稷.中国纺织技术史（古代部分）［M］.北京：科学出版社，1984：131.

如此高质量的麻纤维，说明当时分离制取技术是相当娴熟的。

第二节 苎麻织品

我国是苎麻的原产地，以苎麻纤维纺织而成的苎麻布，按其精细程度有苎布、白苎、絟布、穗布、细布、練子等不同名称，而且由于苎麻多生长在南方，易做夏服，故有夏布之称。

商周时期苎麻布的产量虽不及大麻布，但精细程度远远超过大麻布，《周礼·天官冢宰第一》郑玄注："白而细踈曰纻。"纻是指苎麻和苎麻布两个含义，这里应是指苎麻布，是说苎麻布是一种精细的麻布。《春秋左传·襄公二十九年》有这样的记述：吴季札"聘于郑，见子产，如旧相识，与之缟带，子产献纻衣焉"。这是记述两人互赠礼物的事，既是礼物，应是名贵之物，从中可以看出缟是吴国的名产，纻衣是郑国的名产，亦说明当时郑国以盛产苎麻织品而闻名四方。

这个时期生产的苎麻布多有出土，如在福建商代武夷山船棺中，曾发现一块经、纬密为 20×15 根/cm 的棕色平纹苎麻布。在陕西宝鸡西高泉一号墓葬中，发现有麻织品，经北京纺织科学研究院分析鉴定，确认是苎麻织品，经密 14 根/cm，纬密 6 根/cm。在长沙战国墓出土的苎麻织物，经密 28 根/cm，纬密 24 根/cm❶。在 1978 年河北省定县战国时期中山国墓葬中，出土的器皿盖下保存有洁白如新的蒙布，经北京纺织科学研究院分析，该蒙布系苎麻产品，经密 20 根/cm，纬密 12 根/cm。

精细的麻布在战国时称为穗布，据文献记载，汉代的南阳邓县一带是穗的著名产地❷。当时又称精细的麻布为"絟布"，《说文解字注》云："（絟）细布也。《江都王传》：遗帝荃葛。师古曰：字本作絟。千全反。又千劣反。江南篃布之属皆为荃也。"而极精细的苎麻布则称为疏布，《急就篇》云："纻，织纻为布及疏之属也。"唐代颜师古注"疏亦作練"。纻即是指苎麻纺织品，说明到了唐代则开始称极精细疏布为"練"。

另据《汉书》记载，张骞"在大夏时，见邛竹杖、蜀布，问安得此？大夏国人曰：吾贾人往市之身毒（今印度）"。这种"蜀布"便是一种精细的苎麻布。说明四川在西汉初年已有"蜀布"出口到印度、阿富汗等国。

此时少数民族地区苎麻布也已织造得非常精细。《后汉书·西南夷传》记载："哀牢，……宜五谷蚕桑，知染采文绣，罽，……帛叠，兰干细布，织成文章如绫

❶ 中国科学院考古研究所. 长沙发掘报告 [M]. 北京：科学出版社，1957.

❷ 孔颖达《礼记注疏》卷八："穗，布疏者。汉时南阳邓县能作之。"

锦。”文中所说的哀牢即今之云南，所说的罽是指毛织品，帛叠是指棉布，兰干细布是指苎麻细布，这些织品可与绫锦（丝织高级织品）相提并论，说明它们是极精细的。另外，在《汉书·西南夷传》中，还有关于湘西地区少数民族进贡“兰干”布的记载。据宋代周去非所著的《岭外代答》卷六记载分析，西汉时期湘西少数民族进贡的“兰干”布，实际上可能就是宋代湘西地区苗族和土家族生产的织锦。而据宋代朱辅所著的《溪蛮丛笑》一书中对“兰干”的考证，它就是“獠言纻巾”，是“绩织细白纻麻，以旬月而成，名娘子布。按布即苗锦”。朱辅在这里所说的“苗锦”，应该不仅是指苗族织锦。因为古代所称的苗，是指“三苗”，湘西地区的苗族和土家族与“三苗”有族源关系，故朱辅在这里所指的“苗锦”应是指西汉时期湘西地区少数民族生产的“兰干”布，而他认为这种“兰干”布是一种细白的纻麻布。

在考古中，也曾出土过西汉时期的精细苎麻布。长沙马王堆一号汉墓中曾出土三块质量精致、保存完整的苎麻布。经分析，从经密看，这三块苎麻布合二十一升到二十三升布，其精致程度可与丝绸相媲美。其幅宽，有汉尺九寸和二尺二寸两种。其中的468号苎麻布（絺子）的表面，有灰色的光泽，放在显微镜下观察时，可看到表面的灰黑结构，形状呈扁平状，与现代苎麻织物经过轧光加工的表面结构形态非常相似，说明在西汉时期，在织造苎麻布工艺中已采用轧光整理技术[1]。

魏晋隋唐时期，随着麻纤维加工技术的进步，高档苎麻织品产量有了较大幅度的增加。南朝乐府中有不少关于白纻舞的白苎歌辞：“质如清云色如银，制以为袍余作巾，袍以光躯巾拂尘。”[2]《晋书》记载，东晋初年平定苏峻之乱后，东晋国库空虚，“惟有練数千端”。練是极精细苎麻布的名称。当时苎麻的主要产区在南方，大麻的主要产区在北方。在国库空虚的情况下“練数千端”，说明朝廷每年在南方征收精细苎麻织品的数量是非常惊人的。另据记载，唐代所产麻布，花色品种相当多，比较有名的，有细白麻布、班布、蕉布、细布、丝布、纻布、弥布、白苎布、竹布、葛布、纻練布、麻赀布、紫纻布、麻布、青苎布、楚布等几十种[3]。从这些麻布的名称看，苎麻产品占了多数。

这个时期的麻织品文物在各地均有所发现，如在甘肃敦煌莫高窟，曾发现有北魏太和十一年（公元487年）的一幅刺绣佛像残段，它的面料是两层绢中间夹着一层麻布，此层麻布是属于比较精细的苎麻布。在新疆吐鲁番阿斯塔那墓葬中曾出土过两块上面写有“婺州兰溪县脚布”和“宣州溧阳县调布”字样的唐代苎麻布，经检验分析，其纤维投影宽度分别是22.43μm和28.67μm，纤维截面面积分别是

---

[1] 上海市纺织科学研究院等.长沙马王堆一号汉墓出土纺织品的研究［M］.北京：文物出版社，1980.

[2] ［晋］白纻舞歌辞.先秦汉魏晋南北朝诗（晋诗卷一零）.

[3] 李仁溥.中国古代纺织史稿［M］.长沙：岳麓书社，1983.

352.59μm^2 和 295.96μm^2，支数分别是1878公支和2238公支，断裂伸长率分别是2.24%和2.38%。这些指标除断裂伸长率外，与现代苎麻纤维相差不大，有的指标甚至好于现代苎麻纤维[1]。

宋元时期，大麻产地集中在北方，苎麻产地集中在南方。据《陵川文集》记载，北方大麻品种有大布、卷布、板布等。南方苎麻生产尤以广西为盛，曾出现过“（广西）触处富有苎麻，触处善织布”及“商人贸迁而闻于四方者也”的情况。桂林附近生产的苎麻布因经久耐用，一直享有盛誉。周去非在《岭外代答》中对此布的生产过程和坚牢原因做了总结：“民间织布，系轴于腰而织之，其欲他干，则轴而行，（或）意其必疏数不均，且甚慢矣。及买以日用，乃复甚佳，视他布最耐久，但其幅狭耳。原其所以然，盖以稻穰心烧灰煮布缕，而以滑石粉膏之，行梭滑而布以紧也。”广西邕州地区出产的另一种苎麻织物——練子，也非常出色，用来做成夏天的衣服，轻凉离汗。据周书记载，練子是由精选出的细而长的苎麻纤维制成，精细至极，同汉代黄润布的织作效果有些相同，“邕州左右江溪峒，地产苎麻，洁白细薄而长。土人择其尤细长者为練子。暑衣之，轻凉离汗者也。汉高祖有天下，令贾人无得衣練。则其可贵，自汉而然。有花纹者为花練，一端长四丈余。而重止数十钱。卷而入之小竹筒，尚有余地。以染真红，尤易着色，厥价不廉，稍细者一端十余缗也。”文中的“一端”约合五丈，合今15m。南宋戴复古曾赞之云：“雪为纬，玉为经，一织三涤手，织成一片冰。”既赞美它的轻细，又称誉它具有良好的透气性和吸湿性，适于夏季穿着。此外，江南地区生产的山后布和練巾也非常有名。据《嘉泰会稽志》记载，浙江诸暨生产的山后布，又称“皱布”，织造时将加过不同捻向的经纱数根交替排列，然后再行投纬，织成的布“精巧纤密”，质量仅次于蚕丝织成的丝罗。在用它做衣服之前“漱之以水”，由于经纱捻度很大，遇水后膨胀，使布面收缩，呈现出美丽的谷粒状花纹。山后布与丝织的绉相像，所以也叫作绉布，质量并不亚于用丝织的。

明清时期麻产品虽多被棉产品取代，但由于苎麻布有质轻、凉爽、挺括、不粘身、透气性好、吸湿散热快等优良服用性能是棉布所不及，因此即使在棉花普及后，苎麻在南方仍有很多地方种植，苎麻布在这些地方仍是深受人们欢迎的夏季衣着用料。

据文献记载，广东、江西、四川、江苏、浙江、福建、湖南、安徽等地都有一些著名的麻纺织品种。嘉庆《潮阳县志》卷一记载，潮阳县的“苎布，各乡妇女勤织，其细者价格倍纱罗”。道光《鹤山县志》卷二下记载，鹤山县“越塘、雅瑶以下，则多绩麻织布为业，布既成，又以易麻棉，而互收其利。其坚厚而阔大者，曰古劳家机”。屈大均《广东新语》卷一五和李调元《南越笔记》卷五记载，新会产

---

[1] 陈维稷.中国纺织科学技术史（古代部分）[M].北京：科学出版社，1984：132.

细苎。络布，“新兴县最盛，估人率以棉布易之，其女红治洛麻者十之九，治麻者十之三，治蕉者十之一，养蚕作茧者千之一而已”。所产麻织品，细软可比丝绸，“络者言麻之可经可络者也，其细者当暑服之凉爽，无油汗气。练之柔熟，如椿椒茧绸，可以御冬”。乾隆《广州府志》引《嘉靖府志》记载，新会的苎布“甲于天下”。乾隆《石城县志》卷一记载，江西石城妇女“只以缕麻为绩”。嘉庆《石城县志》卷二记载，“石城以苎麻为夏布，织成细密，远近皆称。石城固厚庄岁出数十万匹，外贸吴、越、燕、亳间，子母相权，女红之利普矣”。同治、光绪《荣昌县志》卷一六记载，四川荣昌县南北一带在乾嘉年间多种麻，“比户皆绩，机杼之声盈耳”。“百年以来，蜀中麻产，惟昌州称第一”。“富商大贾，购贩京华，遍逮各省”。道光《大竹县志》卷一一记载，大竹高平寨也产夏布，“寨中多造夏布，琢帐，远商尝聚集于此”。《崇川咫闻录》记载，江苏通州品质佳的苎布，产自沈巷司机房，制造方法是：“取苎麻辟纻织就，湅和石灰，灰藋少许，漂之河中，曝之草上色白，其粗厚者制为里眼，亦可敛汗。先是种苎，经年入春，自宿根丛生，每岁三刈，采皮沤去青面曝干，析理小片，始绩为缕。”乾隆《通州志》卷一七记载，江苏海门兴仁镇“善绩苎丝，或拈为汗衫，或织为蚊帐，或织为巾带，而手巾之出徐东者最驰名”。金友理《太湖备考》卷六记载，在雍正时，太湖叶山中出“苎线，女红以此为业”。道光《元和唯亭志》卷二零记载，苏州有专业夏布庄经营夏布批发，“唯亭王愚谷业夏布庄，一日有山东客来坐庄收布，时当盛夏”。乾隆《杭州府志》载，“吴地出纻独良。今乡园所产，女工手绩，亦极精妙也”。又出一种粗麻布，“绩络麻为之，集贸于笕桥市，其布坚韧而软，濡水不腐，……米袋非此不良，旁郡所用，索取给焉”。万历《泉州府志》卷三记载，泉州“府下七县俱产……苎布、葛布、青麻布、黄麻布、蕉布等，多出于山崎地方”。乾隆《福州府志》卷二六记载，福州府盛产“麻，诸邑有之”。“绩其布以为布，连江以北皆温之”。连江、福青、永福，“出麻布尤盛”。其中南平生产的一种类似纱罗的精美苎布远近闻名。嘉庆《南平县志》“物部”卷一记载，南平县出“苎布，各乡多有。唯细密精致，几类纱罗，曰铜板，出峡阳者佳远市四方”。嘉庆《湘潭县志》卷三九记载，“贩贸面省，获利甚饶”。当地“妇女纶绩成布，名夏布”。弘治《太仓州志》卷一“土产”记载，其地所产“苎布，真色者曰腰机，漂洗者曰漂白，举州名之，岁商贾货入两京，各郡邑以渔利”。

第三节　葛布和蕉布

我国在新石器时代，已能生产葛布。在古文献《韩非子·五蠹》中曾有尧“冬日麑裘，夏日葛衣”的记载，说明那时葛布已被用来做夏天的衣服。葛纤维有良好的吸湿散湿性，葛织物挺括、凉爽、舒适，所以用葛布做夏季衣服的衣料是很有道理的。在江苏吴县草鞋山新石器时代遗址中，出土三块葛布残片，是手编而成的绞编织物，比较粗糙，说明我国新石器时代的织葛技术还比较低，产量不会很高，品种也不会多。

到了夏商周时期，我国的织葛技术有了较大的发展，产量和品种都有增加，产品的质量也提高了。在《禹贡》中，曾有“豫州贡漆、枲、絺、纻”的记述。《说文·糸部》云：“絺，细葛也。绤，粗葛也。”《诗经·鄘风·君子皆老》中有“蒙彼绉絺”的诗句。毛传云：“絺之靡者为绉。”《说文·糸部》云：“绉，絺之细者也。”由此可见，当时已能生产三类粗细各不相同的葛织品，粗葛布称为绤，细葛布称为絺，更细的葛布则称为绉。当时豫州所贡的絺，作为贡品应是一种精细接近于绉的高级葛织品。据尹在积《禹贡集解》解释，当时的豫州是今河南省大部、山东省西部和湖北的北部，属于黄河流域中游的中原地区，说明这些地区生产的葛布已属于名产。前引《吴越春秋》记载说越王勾践为了复国献给吴王葛布十万，亦说明当时不仅黄河流域许多地方的葛布生产相当发达，长江流域许多地方的葛布生产水平也很高，尤其是地处东南的越国更加突出。

唐宋期间，葛纤维生产大幅度萎缩，葛织品也成为不被人们重视的过时纺织品，但长江中下游一带仍将它作为贡赋品生产，而且据统计当时这一地区上贡纺织品的州中约有30%以它作为贡赋品之一[1]。其时葛织品的精美在文人诗中也有反映。唐李白《黄葛篇》：“黄葛生洛溪，黄花自绵幂。青烟蔓长条，缭绕几百尺。闺人费素手，采缉作絺绤。缝为绝国衣，远寄日南客。苍梧大火落，暑服莫轻掷。此物虽过时，是妾手中迹。”唐鲍溶《采葛行》：“春溪几回葛花黄，黄麝引子山山香。蛮女不惜手足损，钩刀一一牵柔长。葛丝茸茸春雪体，深涧择泉清处洗。殷勤十指蚕吐丝，当窗袅袅声高机。织成一尺无一两，供进天子五月衣。水精夏殿开凉户，冰山绕座犹难御。衣亲玉体又何如，杳然独对秋风曙。”

明清期间，葛布的生产基本集中在广东一带，当时其地所产葛布以“女儿葛”和“雷葛”最为人称道。其中女儿葛因出自少女之手故名之，而雷葛所用葛纤维产自高凉硇洲而织于雷州故名之。明代屈大均《广东新语》记载：“粤之葛以增城女葛为上，然不鬻于市。彼中女子终岁乃成一疋，以衣其夫而已。其重三四两者，未字少女乃能织，已字则不能，故名女儿葛。所谓北有姑绒，南有女葛也。其葛产竹丝溪、百花林二处者良。采必以女。一女之力，日采只得数两。丝缕以针不以手，细入毫芒，视若无有。卷其一端，可以出入笔管。以银条纱衬之，霏微荡漾，有如蜩蝉之翼。”从中不难想见女儿葛之精纤细美。可能正是由于女儿葛太过于精细，不能恒服，以致“不鬻于市”。与之相反，同书载：雷葛之精者“细滑而坚，色若

[1] 何堂坤，赵丰. 纺织与矿冶志［M］. 上海：上海人民出版社，1998.

象血牙。裁以为袍、直裰，称大雅矣”，市场价格高达“百钱一尺”，并谓之“正葛”。因粤地不同地方葛的品种和女工技术的差异，雷葛又分几个品种。同书载：“其出博罗者曰善政葛。李贺《罗浮山人与葛》篇云‘依依宜织江南空’，又云‘欲剪湘中一尺天’，谓此。出潮阳者曰凤葛，以丝为纬，亦名黄丝布。出琼山、澄迈、临高、乐会者，轻而细，名美人葛。出阳春者曰春葛。然皆不及广之龙江葛，坚而有肉，耐风日。”

蕉布是由野生和种植的芭蕉科多年生草本植物纤维制成。其加工方法是：采割下来的蕉身，经捶踏散烂之后，煮以纯灰水，漂澼令干，用针挑出纤维，再绩之为线织成布。唐宋期间，江西、广东、广西、福建所产蕉布非常有名，常作为贡品献给朝廷。白居易有“蕉叶题诗咏，蕉丝著服轻”的诗句。因蕉纤维强度弱，一些精细的蕉布往往是以丝、蕉纤维相拼捻成对线织成，或以蕉为纬、丝为经织制而成。宋陶谷《清异录》载：“临川上饶之民，以新智创作醒骨纱，用纯丝、蕉骨相兼捻线，夏月衣之，清凉舒体。”明清期间，两广地区的人很看重蕉布，屈大均《广东新语》载：“广人颇重蕉布。出高要宝查、广利等村者尤美。每当墟日。土人多负蕉身卖之。长乐亦多蕉布。所畜蚕。惟取其丝以纬蕉及葛，不为绸也。……蕉布与黄麻布为岭外所重。常以冬布相易。予有《蕉布行》云：‘芭蕉有丝犹可绩。绩成似葛分絺綌。女手修纤良苦殊。余红更作龙须席。蚕方妇女多勤劬。手爪可怜天下无。花綀白越细无比。终岁一疋衣其夫。竹与芙蓉亦为布。蝉翼霏霏若烟雾。入筒一端重数铢。拔钗先买芭蕉树。花针挑出似游丝。八熟珍蚕织每迟。增城女葛人皆重。广利娘蕉独不知。’”

现代麻类作物的资源与分布

我国利用麻纤维纺织的历史比丝绸更为悠久，直至现代，仍得到很大发展。现代麻类作物品种很多，产量很大，其中苎麻资源居世界首位，亚麻资源居世界第二，黄麻、洋麻、大麻、罗布麻、苘麻、剑麻、焦麻资源也有相当大的规模。正是由于麻类丰富的资源，促进了麻纺织品的开发和广泛应用。

第一节　麻类作物的资源与区域分布

我国是世界上麻类资源较丰富的国家，不仅品种繁多，而且纤维性能也各异，经种植收获的、称为麻类作物的就约有九类。此外，还有一些野生和综合利用的所谓野杂纤维，也属于麻类。麻类作物一般可分为两大类：一类是指双子叶一年生或多年生的草本植物，是从麻类茎部取得纤维，茎纤维存在于茎的韧皮部中，故又称韧皮纤维，绝大多数麻纤维属于此类，在纺织上用得较多的有苎麻、亚麻、黄麻、槿麻（又称红麻、洋麻）、大麻、苘麻（又称青麻）、罗布麻、胡麻等；另一类是从麻类植物叶子中取得的纤维，称为叶纤维，如剑麻（西沙尔麻）、蕉麻（马尼拉麻）等，这类麻的数量较少。

一、苎麻

苎麻又称白苎、绿苎、苎仔、线麻、紫麻等，它有许多品种，如黑皮蔸、罗竹青、黄克早等。苎麻系双子叶植物纲、金缕梅亚纲、荨麻目、荨麻科、苎麻族、苎麻属，为多年生宿根草本植物。在我国种植的多为白叶苎麻。因其叶片正面呈绿色，而叶背长满银白色绒毛而得名。

苎麻为亚灌木或灌木，高 0.5～1.5m，在茎的上部与叶柄均密被开展的长硬毛与近开展和贴伏的短糙毛。叶互生，叶片通常呈近圆卵形或宽卵形，少数呈卵形，长 6～15cm，宽 4～11cm，顶端骤尖，基部呈近楔形或宽楔形，边缘在基部之上呈齿形，上面稍粗糙，疏被短伏毛，下面密被雪白色绒毛；叶柄长 2.5～9.5cm；托叶分生，钻状披针形，长 7～11mm，背面被毛。圆锥花序腋生，位于植株上部的为雌性，位于下部的为雄性，有的同一株全为雌性，长 2～9cm，雄团伞花序直径 1～3mm，有少数雄花；雌团伞花序直径 0.5～2mm，有多数密集的雌花，瘦果呈近球形，长约 0.6mm，光滑，基部突缩成细柄。苎麻如图 4-1 所示。

图 4-1　苎麻

苎麻是中国特有的以纺织为主要用途的农作物，是中国的国宝之一，在国际上被称为“中国草”，中国的苎麻产量约占全世界 90％以上。中国苎麻产地主要分布在北纬 19°至 39°之间；南起海南省，北至陕西省均有种植苎麻的历史，一般划分为长江流域产麻区（包括湖南、四川、湖北、江西、安徽、江苏、浙江等省）、华南产麻区（包括广西、广东、福建、云南、贵州和台湾等省、自治区）、黄河流域产麻区（陕西、河南、山东等省）。其中，长江流域地区是中国苎麻主产区，其栽培面积及产量占全国栽培总面积和总产量的 90％以上。

二、亚麻

亚麻又称鸦麻、鵶麻、胡麻等，系双子叶植物纲、蔷薇亚纲、亚麻目、亚麻科、亚麻属，为一年生草本植物。根据用途分为纤维用种、油用种和油、纤两用种三类，纺织工业所用的亚麻主要是纤维用种亚麻。亚麻是人类最早使用的天然植物纤维。早在 5000 多年前的新石器时代，瑞士湖栖居民和古代埃及人，已经开始栽培亚麻并用其纤维纺纱织布制作衣服，如埃及的“木乃伊”也是用亚麻布包裹的。

亚麻是一年生草本植物，茎直立，高 30～120cm，多在上部分枝，有的自茎基部也有分枝，但密植则不分枝，基部木质化，无毛，韧皮部纤维强韧而富有弹性，构造如棉。亚麻叶互生，叶片呈线形，线状披针形，长2～4cm，宽1～5mm，先端锐尖，基部渐狭，无柄，内卷，有3（5）出脉。亚麻花单生于枝顶或枝的上部叶液，组成疏散的聚伞花序；花直径15～20mm，花梗长1～3cm，直立，萼片5个，呈卵形或卵状披针形，长5～8mm，先端凸尖或长尖，有3（5）脉；中央一脉明显凸起，边缘膜质，无腺点，全缘，有时上部有锯齿，宿存；花瓣5个，倒卵形，长8～12mm，蓝色或紫蓝色，稀白色或红色，先端啮蚀状；雌蕊5枚，花丝基部合生；退化雄蕊5枚，钻状；子房5室，花柱5枚，分离，柱头比花柱微粗呈细线状或棒状，长于或等于雄蕊。亚麻如图4-2所示。

图4-2 亚麻

亚麻在中国种植区域比较广，主要产于东北地区以及内蒙古、山西、陕西、山东、湖北、湖南、广东、广西、四川、贵州、云南等地。但以北方和西南地区较为普遍。据记载，我国东北地区曾在1906年从北海道引进俄罗斯栽培的纤维用亚麻“贝尔诺”等四个品种，在东北三省试种。早期种植的亚麻主要是作为油料作物的胡麻，在新中国成立前种植面积曾一度高达100万亩，后逐渐由油料作物为主转化为纤维用作物，相应地建立了亚麻原料加工厂和亚麻纺织厂。1987年，中国亚麻产量达到了历史最高水平，达到32.1万吨，约占全世界总产量的34%。中国的亚麻主要产于黑龙江，约占全国总产量的90%以上。

胡麻实际上就是油用种和油、纤两用种的亚麻，它曾是沿古代“丝绸之路”由国外引种到我国的，故以“胡”命名。由于主要目的是为了收籽榨油，故采用稀植，以使主干粗壮而低矮，致使叉株增多，有利于多开花结籽。同时，为了使种籽生长饱满，提高出油率，故待植物枯老时才收割。所榨得的油是当地居民的食用油，俗称“胡麻油”，实质上就是“亚麻仁油”；除食用外，其还可供工业和医药用。我国胡麻纤维的资源极为丰富，在西北地区和内蒙古、河北北部及东北各地都有种植，其产量与纤维用亚麻相当。

三、黄麻

黄麻又称火麻、绿麻、络麻、水络麻、野洋麻、圆果黄麻、圆蒴黄麻等。黄麻系双子叶纲、原始花被亚纲、锦葵目、椴树科、椴树亚科、黄麻族、黄麻属，为一年生草本植物。黄麻有以下两大品系。

① 圆果种黄麻。因其脱胶后取得的纤维束色泽洁白，故在国际上又称为白麻。

② 长果种黄麻。因其脱胶后的纤维束呈浅棕色等，故又称为红麻；也称为“吐纱麻”，盛产于孟加拉国。该品种麻的纤维质量好，可分裂的纤维束细度可达到2～1.43tex（500～700公支）。

黄麻系直立木质草本植物，高1～2m，全株无毛，叶纸质，呈卵状披针形至狭窄披针形，长5～12cm，宽2～5cm；先端渐尖，基部圆形，两面均无毛，3出脉的两侧脉上行不过半，中脉有侧脉6～7对，边缘有粗锯齿，近基部各有一齿伸长而成钻形；叶柄长约2cm，有柔毛。黄麻花单生或数朵排成腋生聚伞花序，有短的花序柄及花柄，有数朵花，花小，黄色。萼片4～5片，长3～4mm，萼片淡紫色，长3～4mm，花瓣倒卵形，与萼片近等长；子房无毛，柱头浅裂；蒴果球形，直径1cm左右，顶端无角，表面有直行钝棱和瘤状突起，5爿裂开。花期夏季（7～8月），果秋后（9～10月）成熟。黄麻如图4-3所示。

图4-3　黄麻

我国黄麻产量仅次于印度和孟加拉国，在世界上处于第3位，主要产于安徽、河南、四川、湖北、浙江、山东、江苏、广西、广东、江西、河北、湖南、福建、贵州、陕西、辽宁等省、自治区。

四、洋麻

洋麻又称槿麻、红麻、印度络麻、野麻、安培利麻等。洋麻系锦葵科、木槿

图 4-4 洋麻

属，为一年生草本植物。原产于非洲，后引种印度，在我国有以下两大品系。

① 南方型洋麻。我国台湾省于1908年自印度引入种植，后又引入我国大陆地区，以杭州为主，后又全面推广。

② 北方型洋麻。我国前后由印度与苏联塔什干等地引入种植，产地以华北、东北地区为主，其他地区也有种植。

洋麻茎高可达2～4m，茎高叶茂，杆直立，皮色有黄绿、浓绿、浅红、紫红等数种，叶呈锯齿缘裂掌状，花朵与棉花的花朵相似。洋麻较黄麻耐涝、耐寒，对环境适应性强，根据对气候适应性的不同，分为南方型和北方型两种：南方型分布于热带或亚热带；北方型分布于温带。洋麻如图4-4所示。

五、大麻

大麻又称火麻、汉麻、魁麻、线麻、寒麻等。大麻系桑科、大麻属，为一年生草本植物，有两个亚种。其植株较小，多分枝而具短而实心的节间。大麻主要用于生产树脂，特别是在幼叶和花序中含量较大。大麻目前分为纤维用大麻、药用大麻和野生大麻三类。国际上将四氢大麻酚（THC）含量低于0.3%的品种称工业大麻，高于0.3%的称为药用和毒品大麻。

纤维用大麻茎梢及中部呈方形，基部圆形，皮粗糙有沟纹，被短腺毛；掌状复叶，小叶5～11片，披针形。边缘有锯齿。花单性，雌雄异株，雄花序圆锥状，雌花序球状或短穗状；瘦果卵形，有棱；种子深绿色；雄株茎细长，韧皮纤维产量多，质佳而早熟；雌株茎粗壮，韧皮纤维质量低，晚熟。大麻如图4-5所示。

图 4-5 大麻

我国不仅种植大麻的历史悠久，而且产量居世界第一，主要分布在安徽、山东、河南等地，在甘肃、宁夏、山西、内蒙古、黑龙江等省、自治区也有种植。在20世纪末，世界上约有几十个国家种植大麻。

六、罗布麻

罗布麻又称红野麻、红麻、茶叶花、茶棵子、红柳子、野麻、夹竹桃麻。它有白麻与红麻两个品种。由于罗布麻最初在我国新疆罗布泊地区发现，故以罗布麻命名之。罗布麻属于野生植物，枯死后茎秆都呈红色，故又名红野麻。我国的罗布麻自古即有，用于沏茶入药，故又名茶棵子、茶叶花。罗布麻系双叶子植物纲，合瓣花亚纲，捩花目，夹竹桃科，夹竹桃亚科，罗布麻属，为种草本植物。

罗布麻叶条对生或互生，圆筒形，光滑无毛，紫红色或浅红色；叶对生，仅在分枝处为近对生，叶片呈椭圆状披针形至卵圆状长圆形，长 1～5cm，宽 0.5～1.5cm，顶端急尖至钝，具短尖头；基部急尖至钝，叶缘具细锯齿，两面无毛；叶脉纤细，在叶背微凸或扁平，在叶面不明显，叶柄长 3～6mm；圆锥状聚伞花序，通常顶生，有时腋生，花梗长约 4mm；花萼 5 深裂，裂片披针形或卵圆状披针形，两面被短柔毛，边缘膜质；花冠圆筒状钟形，紫红色或粉红色，两面密被颗粒状突起，花冠裂片基部向右覆盖，裂片卵圆状长圆形，顶端钝或浑圆，每个裂片内外均具有 3 条明显紫红色的脉纹；种子多数，卵圆长圆形，黄褐色，长 2～3mm，直径 0.5～0.7mm，顶端有一簇白色绢质的种毛，种毛长 1.5～2.5cm，子叶长卵圆形，与胚根近等长，长约 1.3mm。花期 4～9 月（盛开期 6～7 月），果期 7～12 月（成熟期 9～10 月）。

罗布麻系直立半灌木，高 1.5～3m，一般高约 2m，最高可达 4m，生长于河岸、山沟、山坡的砂质地，在中国的淮河、秦岭、昆仑山以北各省、自治区都有罗布麻分布；主要分布于新疆（和田、喀什、阿克苏、库尔勒、巴音郭楞、哈密等）、青海（诺木洪、格尔木、大柴旦、德令哈、希里沟、芒崖等）、山东（广饶、利津、沾化、无棣、寿光、昌邑等）、甘肃（阿克塞、玉门、敦煌、酒泉、高台、肃南、民勤、金塔等）、内蒙古（额济纳旗等）、江苏（徐州、淮阴、盐城等）、河北（黄骅、滦县等）、陕西、山西、辽宁、吉林、河南、安徽等省。在欧洲（伏尔加河下游，高加索和南欧等）及亚洲（伊朗、阿富汗、印度等）也有分布。罗布麻如图 4-6 所示。

图 4-6 罗布麻

七、苘麻

苘麻又名青麻、芙蓉麻、白麻、椿麻、塘麻、车轮草等。苘麻系双子叶植物纲，原始花被亚纲、锦葵目、锦葵科、苘麻属，为一年生草本植物。其纤维性状与黄麻洋麻类似，但纤维束更粗硬，表面洁白有光泽。

苘麻如图 4-7 所示。苘麻是一年生亚灌木状草本植物，高达 1～2m，茎枝被柔毛，叶互生，圆心形，长 5～10cm；先端长渐尖，基部心形，边缘具有细圆锯齿，两面均密被星状柔毛；叶柄长 3～12cm；被星状柔毛；托叶早落。苘麻花单生于叶腋，花梗长 1～13cm。被柔毛，近顶端具节；花萼杯状，密被短绒毛，裂片 5，卵形，长约 6mm；花黄色，在瓣倒卵形，长约 1cm。蒴果半球形，直径约 2cm，长约 1.2cm，分果爿 15～20，被粗毛，顶端具长芒 2，种子呈肾形，褐色，被星状柔毛，花期 7～8 月。

图 4-7 苘麻

苘麻在中国的种植和利用历史悠久，早在 2600 年前就被人们用于衣着的原料。我国除青藏高原不种植以外，全国其余各省、自治区均有种植，常见于路旁、荒地和田野间。

图 4-8 蕉麻

八、蕉麻

蕉麻又称马尼拉麻、菲律宾麻、麻蕉。蕉麻系芭蕉科，麻蕉属，为多年生宿根草本植物。蕉麻形似芭蕉，茎直立，柔软，由粗厚的叶鞘包迭而成柱状；叶极大，矩圆形；螺旋排列；穗状花序，花单性；浆果，长形似香蕉；主要产于菲律宾，我国南方也有少量种植。蕉麻如图 4-8 所示。

九、剑麻

剑麻又称西沙尔麻，龙舌兰麻，菠萝麻；剑麻系单子叶植物纲、百合亚纲、天门冬目、天门冬科、龙舌亚科、龙舌兰族、龙舌兰属，为多年生宿根热带硬质叶纤维植物。剑麻茎粗短，叶呈莲座状排列。在开花之前，一株剑麻通常可产生叶 200～250 枚，叶刚直，肉质，剑形，初被白霜，后渐脱落而呈深蓝绿色。通常长 1～1.5m，最长可达 2m，中部最宽达 10～15cm，表面凹，背面凸，叶缘无刺或偶尔具刺，顶端有 1 硬尖刺，刺红褐色，长 2～3cm。圆锥花序粗壮，高可达 6cm，花黄绿色，有浓烈的气味；花梗长 5～10mm，花被管长 1.5～2.5cm，花被裂片卵状披针形，长 1.2～2cm，基部宽 6～8mm。蒴果长圆形，长约 6cm，宽 2～2.5cm。剑麻如图 4-9 所示。

图 4-9　剑麻

剑麻原产地是墨西哥，现主要产于非洲和美洲，亚洲的中国、印度尼西亚、泰国等也有种植。中国主要产于长江流域及以南地区，在山东与河南等地也有种植。

第二节　麻类纤维的特性与主要用途

麻类纤维或麻纤维是从各种麻类植物的茎、叶片、叶鞘中获得的可供纺织用纤维的统称，包括一年生或多年生草本双子叶植物的韧皮纤维和单子叶植物的叶纤维。韧皮纤维又称茎纤维或软质纤维，是从双子叶植物的茎部剥取下来的韧皮，经过适度微生物或化学脱胶成单纤维或束纤维。在麻纤维中，黄麻、洋麻、苘麻含木质素较多，称为木质纤维，其质地比较粗硬，只适宜作为麻袋、凉席及绳索的原料；而苎麻、亚麻、大麻、罗布麻含木质素较少，称为非木质纤维，其质地较柔软，可供纺织用。叶纤维又称硬质纤维，是从草本单子叶植物的叶片或叶鞘中获取的纤维，如蕉麻、剑麻等。这类麻大多生长在热带和亚热带地区，故又称热带麻，具有粗硬、坚韧、变形小、强力高、湿强更高、耐海水腐蚀、耐酸碱等特点，不宜用于纺织原料，主要用于制作绳索、渔网等。由于麻纤维的品种不同，其纤维的特性也不相同，但作为麻类纤维，它们都具有一些类似的共同特性。

① 它们都属于纤维素纤维，而且都含有果胶质、木质素、半纤维素、脂肪和蜡质等非纤维物质伴生在一起；若要获取并利用其纤维，必须要把纤维从胶质中分离出来，即所谓麻纤维“脱胶”。

② 麻纤维的共同特性是吸湿与散湿快，断裂强度较高，而且湿强更高，断裂伸长率极低。

③ 由于麻的品种不同，各种麻类脱胶后的单纤维长度差异很大，要使其能用于纺织原料，必须采用不同的处理方法。例如，苎麻单纤维特别长，必须使其断裂才能用来纺纱；而亚麻、洋麻、大麻等单纤维又较短，因此在脱胶时要适度，残留部分的胶质应将单纤维粘接成束纤维，便于纺纱。相对而言，经脱胶等处理后的可纺纤维或束纤维还是比棉型纤维或中长型纤维长，都属于长纤维纺纱，称为长麻纱。又因为麻纤维的表面光滑而无卷曲的共性。因此，必须尽量保持纤维的长度，以提高纤维的可纺性、纺纱细度和成纱断裂强度。

但是，麻类纤维之间也还存在一些不同的特性。在麻类纤维中，苎麻纤维长而细，是优质的纺织纤维，可用于国民经济的各个部门。亚麻、胡麻、大麻的纤维特性均类似，在脱胶过程中可分裂成较细的纤维束，可用于包括服装织物在内的各种纺织品；黄麻、洋麻、苘麻可分裂成的纤维束较粗，只能用于织制纹路较粗犷的包装材料；而蕉麻、剑麻的束纤维更粗，因此只能加工成绳、缆和铺地织物。

纺织纤维在加工过程中的可纺性和染色性能与纤维的力学性能、化学成分和晶体结构有相当密切的关系。与可纺性有关的性能主要是纤维（或纤维束）的长度、细度和断裂强度。当然，与纤维的晶体结构和纤维束中残留胶质的成分与多寡也有关系，并表现在断裂伸长率与刚性等指标的不同。染色性能主要与纤维晶体结构中的无定型区和纤维素伴生物的多少有关，特别是木质素的含量影响很大。由于品种不同，各种麻类纤维中残胶成分与含量和结晶度、聚合度、取向度以及化学成分各不相同。因此，各种麻纤维的特性是不相同的。

一、苎麻

苎麻纤维是由一个细胞组成的单纤维，其长度是植物纤维中最长的（最长约为60cm，平均约为6cm），细度为0.45～0.91tex（2200～1100公支），断裂强度为6.16～7.04cN/dtex（1dtex=1/10tex），断裂伸长率约为4%以下。纤维无明显扭曲，表面有时平滑，有时有明显的条纹；纵向有横节竖纹，纤维两端封闭，两端细，呈厚壁钝圆，横截面为圆形或偏平形，有中腔，呈椭圆形或不规则形，胞壁厚度均匀，有时带有辐射状条纹，未成熟的纤维细胞横截面呈带状；初生纤维胞壁较厚，次生纤维胞壁的厚度是初生胞壁厚度的1/10。

由于苎麻纤维的独有结构，使它既能自动调节微气候，又能抑制微生物活动。它含有嘌呤、嘧啶等有益成分，穿上由苎麻纤维加工制作的保健袜，脚不湿不臭。生苎麻（原麻）经脱胶后获得的纤维称为精干麻，是苎麻纺纱织布的原料。苎麻纤维的结晶度和取向度都比较高，前者约为90%，后者约为80%。苎麻尤其是脱胶后的苎麻纤维主要成分是纤维素，所以其化学性能与其他纤维素纤维相似，它耐碱、不耐酸，在稀碱溶液中极为稳定，在浓碱液作用下，纤维会膨润，生成碱纤维素；若在稀酸液的中和下，可恢复成纤维素，但其晶体结构发生了变化，聚合度、结晶度、取向度降低，物理性能也发生了变化；断裂强度下降，而断裂伸长率提高。苎麻纤维遇强无机酸即分解，可溶解于强酸中。苎麻纤维不耐高温，在243℃以上即开始热分解。苎麻纤维强韧，吸湿、放湿快，光泽好，耐霉，易染色，不皱缩。

二、亚麻

亚麻纤维以“西方丝绸”“第二皮肤”的美誉而闻名世界，在中国古代的各种本草药典中都记载着其具有性温无毒、活血润燥、祛风解毒、益肝肾、养护皮肤的功效，特别是它可应用于皮肤病的治疗，疗效很好。

亚麻纤维也是由一个细胞组成的单纤维，但其单纤维长度较短，其他力学性能与苎麻纤维一样，同样受到产地、品种、收割季的不同而有所差异。亚麻纤维最长可达63.5～130mm，平均长度只有17～25mm，纤维细度为0.33tex（3000公支），断裂强度为5.28～6.16cN/tex，结晶度约为90%，取向度约为80%，聚合度为2190～2420。由于亚麻纤维长度整齐度极差，无法将其脱胶成单纤维纺纱。单纤维为初生韧皮纤维细胞，一个细胞即为一根纤维，然而纤维相互搭接，在韧皮组织中呈网状结构。在麻茎截面中，每30～50根单纤维被胶质紧密地粘接在一起组成一个纤维束。亚麻单纤维是一根表面光滑、略有裂节的玻璃管状且横截面有中腔的五角形（或多角形）。为了提高其可纺性，只能采用半脱胶的方法，使纤维束适度裂细而保持一定的长度，以适应纺纱的要求。

亚麻经碎茎、打麻后可制成“打成麻”。“打成麻”的化学成分为：纤维素70%～80%，半纤维素12%～15%，木质素2.5%～5%，果胶质1.43%～5.70%，脂肪和蜡质1.2%～1.8%，含氮物0.3%～0.6%，单宁1%～1.5%，灰分0.8%～1.3%。

亚麻纤维的色泽与其脱胶（即浸渍发酵）的方法、脱胶的适度与否都有密切关系，而且差异很大。脱胶均匀适度者，其“打成麻”呈银白色或灰白色，较次者则呈灰黄色、黄绿色，甚至黄褐色，光泽萎暗。脱胶方法正确与否及是否适度，也会影响纤维的断裂强度，脱胶过度者必然会降低其断裂强度。

三、黄麻

黄麻的韧皮纤维以束状分布于麻茎的次生韧皮部。其单纤维是一个单细胞，是由初生分生组织和次生分生组织分生的原始细胞，经过伸长和加厚形成的。其纤维横截面为多角形，中腔为椭圆形或圆形，表面有沟槽和阶梯型横节。用于纺织的纤维主要为次生韧皮纤维，从麻茎上剥下的麻皮称为生黄麻，未经晒干的称为鲜黄麻。生黄麻经脱胶处理后，称为熟黄麻或精洗麻。脱胶后成丝网状的黄麻纤维，截面中单纤维根数为3～12根。由于纤维长度短，一般以半脱胶束状纤维用于纺织加工。由于它吸湿多（含水率达10%～11%），放湿快，而且吸湿后仍保持表面干燥等特性，是用于食品包装和地毯底布的最佳材料。

黄麻纤维的长度为1.52～5.08mm，平均长度为2.32mm，单纤维宽度为20～25μm，平均宽度为23μm，可分裂的纤维束细度为1.67～3.33tex（300～600公支）。

生黄麻的化学成分为：纤维素36%～46%，半纤维素21%～22.6%，果胶质5.5%～8%，木质素6.5%～13.5%，脂肪和蜡质2.2%～2.8%，冷水溶物约8%，热水溶物约4%，水分13%～17%，灰分3.5%～6%。经脱胶（精洗）后的熟黄麻的化学成分：纤维素57%～60%，半纤维素14%～17%，果胶质1%～1.2%，木质素10%～13%，脂肪和蜡质0.3%～0.6%，冷水溶物0.6%～1.4%，热水溶物0.8%～1.4%，水分10%～11%，灰分0.5%～1.5%。

四、洋麻

洋麻纤维主要分布在韧皮部，其细胞发育过程与黄麻相似，经过伸长、加厚至成熟，是高产作物；单纤维长度很短，为3～6mm，平均长度为5mm。只有在脱胶纤维既分离又相互粘接成束的情况下才可形成可纺纤维，故它是以束状进行加工的。单纤维的宽度为 14～33μm，平均宽度为 21μm。纤维横截面呈不规则的多角形，也有呈圆形截面的；纤维有中腔，呈圆形或卵圆形；纤维细胞的大小和壁厚均不一致，其表面光滑，无扭曲。

五、大麻

大麻纤维的特性与其品种、纤维的制取方法关系密切。大麻有早熟和晚熟两个品种，早熟者品质优良，晚熟者纤维粗硬。大麻大多是雌雄异株，雄株所产纤维品质好，纤维产量高。大麻收割后必须浸渍（沤麻）才能使韧皮与麻骨分离，即半脱胶；半脱胶的方法不同，也会影响纤维的质量。大麻的束纤维大多存在于中柱梢，纤维束层的最外一层为初生纤维，位于次生韧皮部的纤维为次生纤维。单纤维呈圆管形，表面有龟裂条痕和纵纹，无扭曲，纤维的横截面略呈不规则椭圆形和多角形，角隅钝圆，胞壁较厚，内腔呈线形、椭圆形或偏平形。其表面有少量结节和纵纹，无扭曲，给纺纱带来一定的困难。单纤维长度差异较大，一般为 5～55mm，平均长度为 20mm 左右，单纤维细度为 0.302～0.386tex（2200～2600 公支），平均细度为 0.344tex（2900 公支），单纤维宽度为 16～50μm，平均细度为 22μm，断裂强度为 4.29～4.87cN/dtex。

大麻纤维本来是洁白而带有光泽的，但由于沤麻剥制的方法不同，而且是半脱胶的纤维束，色泽差异较大。其外观呈淡灰色且带淡黄色，也有带淡棕色的外观。纤维坚韧且较粗糙，弹性较差。例如，山东种植的大麻化学成分如下：纤维素 49.22%，半纤维素 16.81%，果胶质 6.08%，木质素 10.40%，脂肪和蜡质 1.53%，水溶物 15.96%。

六、罗布麻

罗布麻是一种具有优良品质的麻纤维，除了具有一般麻类纤维的吸湿性好，透气、透湿性好，强力高等共同特性外，还具有丝的光泽、麻的风格以及棉的舒适性。罗布麻是一种韧皮纤维，它位于麻植物茎秆上的韧皮组织内，纤维细长而有光泽，呈非常松散的纤维束，个别纤维为单独存在。纤维长度与棉纤维接近，一般长度为 10～40mm，主体长度为 10～14mm，平均长度为 10～25mm，纤维细度为 0.303～0.400tex（2500～3000 公支），断裂强度为 5.68～7.95cN/dtex，断裂伸长率为 3.42%。白罗布麻纤维的平均长度要大于红罗布麻纤维。罗布麻纤维的动、静摩擦系数分别为 0.5547 和 0.4533。因此，纤维表面光滑，纤维间抱合力差；其压缩弹性回复率较高（49.25%），故刚性大；其抗静电性能优于棉；而且纤维洁白，手感柔软而带有丝光，质地优良。但是，由于其表面光滑，无扭曲，抱合力小，在纺织加工中容易散落，制成率较低，会影响到成纱质量。因此，罗布麻纤维只能与棉或棉型化学纤维混合才能进行纺织生产。

七、苘麻

苘麻纤维位于苘麻韧皮组织内，呈束状分布。纤维细胞断面呈椭圆形或不规则的多角形，有中腔，细胞的外表面光滑、无节。苘麻纤维细胞自植物发芽后的第二天开始形成，其后细胞逐渐伸长、增厚，细胞数量也随之增多。在韧皮截面中，每30个左右的单纤维细胞借果胶物质等粘接在一起而形成纤维束，若干个纤维束再聚集成细胞群。纤维细胞有初生韧皮纤维和次生韧皮纤维两种。

前者由初生组织分化而成，后者由形成层分化而成。次生韧皮纤维的品质优于初生韧皮纤维，纤维长1.5～6mm，宽5～37μm，呈青白色或黄色，有光泽，粗硬而脆弱。束纤维排列交叉如网，不易梳开，其强度低，不耐磨，力学性能较黄麻为差；但耐水，不易腐蚀，故常与黄麻、洋麻混纺。

八、蕉麻

蕉麻纤维的力学性能与剑麻相似，但单纤维和纤维束较剑麻长，断裂强力较剑麻高。单纤维长度为3～12mm，宽度为16～32μm，纤维束长度为1500～2000mm，断裂强力为1244.6N，断裂伸长率为2%～4%。蕉麻纤维耐海水侵蚀特性与剑麻相似。

蕉麻纤维的化学成分：纤维素63.2%，半纤维素19.6%，果胶质0.5%，木质素5.1%，脂肪和蜡质0.2%，水溶物1.4%，水分10.0%。

九、剑麻

剑麻的单纤维长度极短，一般只有1.5～4.0mm，宽度一般为20～30μm，靠残胶将单纤维粘接连成单根纤维束，每根纤维束的横截面内约有100根单纤维。单根纤维束长度为600～1200mm，纤维束的断裂强力为784～921.2N；断裂伸长率较低，约为3%。剑麻纤维的特点是遇海水后不易腐蚀；而遇淡水时，随时间的推移其断裂强力逐渐降低而消失殆尽［(剑麻纤维放入0.5%盐水中浸泡60d后，其断裂强力为58.75kgf（1kgf=9.81N)；而在淡水中则为0)］。优质的剑麻纤维呈乳色而有光泽，质差者呈浅黄色、黄棕色，甚至呈浅灰色而且无光泽。

剑麻的化学成分为；纤维素65.8%，半纤维素12%，果胶质0.8%，木质素9.9%，脂肪和蜡质0.3%，水溶物1.2%，水分10.0%。

第三节　麻类作物的药用价值

在古代，人们在与大自然及疾病的抗争中逐渐认识到麻类产品的保健功能及医疗价值。随着社会的发展和科技的进步，人们对麻类产品的医疗价值认识越来越深刻；同时，在中华文化的宝库中也有众多文献，记载着中医使用麻类作物时的药用价值。

一、苎麻的药用价值

苎麻根和叶，性寒、味甘；具有清热利尿、安胎止血和解毒等功效。苎麻可用于治疗感冒发热、尿路感染、肾炎水肿、孕妇腹痛、胎动不安、先兆流产、跌打损伤，骨折、疮疖肿痛等。苎麻根有利尿解毒和安胎作用；苎麻叶可治疗创伤出血。

二、亚麻的药用价值

(1) 亚麻纤维的抑菌保健作用

亚麻纤维具有吸湿性强，散热快、耐摩擦、耐高温、不易燃、不易裂，以及导电性小、吸尘率低和抑菌保健性能好等特点，常用于医疗、保健以及服装和夏季床上用凉席。

(2) 亚麻籽的医疗作用

亚麻籽含油量高达30%～45%，油中富含亚麻酸、亚油酸等不饱和脂肪酸，特别是富含人体必需的α-亚麻酸和γ-亚麻酸。其中，α-亚麻酸占到亚麻油脂肪酸的57%，比鱼油高2倍，它能降低人体血压、血清胆固醇、血液黏滞度，对癌症、心血管病、内脏病、肺病、肾病、皮肤病、关节炎以及免疫系统的疾病都有治疗或保健效果。

三、大麻的药用价值

大麻虽被公认为世界三大毒品之一，但是大麻在种植和生产过程中几乎不使用任何化学农药，而且大麻纤维上的一些天然化学成分还具有抑制细菌生长的作用。在正常情况下，大麻纤维中充满了空气，不仅有效地抑制了厌氧菌的繁殖，而且大麻纤维还含有十多种对人体非常有益的微量元素，其制品对金黄葡萄球菌、大肠杆菌、白色念珠菌等都有不同程度的抑菌作用，其中尤以抑制大肠杆菌的效果为最好，抑菌圈直径达 100mm（抑菌圈直径大于 6mm 即有抑菌效果），具有良好的防腐、防菌、防臭、防霉功能。因此，大麻具有一定的医疗保健作用。大麻的医药应用主要表现在下面几个方面：抗呕吐；促进食欲和抗恶病体质；抗惊厥；镇痛等。

四、黄麻的药用价值

由黄麻籽提炼的医药用油，具有清热解暑、拔毒消肿的功效，主要用于中暑、中暑发热和痢疾的治疗；也可用少量黄麻鲜叶捣烂，敷于患处。其还具有强心作用，可提高心肌耗氧量，增加冠状血管流量，对中枢神经有镇静作用。

五、罗布麻的药用价值

罗布麻性味甘、苦、凉；有平肝安神，清热利水的功效，可用于治疗肝阳眩晕、心悸失眠、浮肿尿少，以及高血压病、神经衰弱、肾炎浮肿等。

六、苘麻的药用价值

苘麻籽味苦、平，具有清热利湿、解毒、退翳（退翳就是清除白内障）的功效，可用于治疗角膜翳、痢疾和痈肿。苘麻根可用于治疗小便淋痛和痢疾。苘麻全叶性苦、干，具有解毒和祛风的功效，可用于治疗痈疽疮毒、痢疾、中耳炎、耳鸣、耳聋和关节酸痛等。

七、剑麻的药用价值

剑麻含有多种皂苷元、蛋白质、多糖类化学成分，其叶具有神经-肌肉阻滞药理性作用，另有降胆固醇、抗炎、抗肿瘤等药理作用。剑麻皂素是合成甾体激素类药物的医药中间体的重要原料，广泛用于肾上腺皮质激素、性激素及蛋白同化激素等多种药物的制造；还可主治咯血、衄血、便血、痢疾、痈疮肿毒、痔疮等。

麻纺织生产的基本工艺与技术

由于麻纤维的力学性能与棉、毛、丝纤维之间有一定差别，特别是纤维的长度和细度之间差异较大，因此麻纤维的加工工艺与棉、毛、丝纤维的加工工艺不尽相同，但麻的品种较多，相互之间也有较大差异。所以，不同种类的麻纤维加工工艺也不尽相同，但也并不能排除在加工工艺中采用棉、毛、丝纤维加工工艺中的部分机械设备。

第一节　苎麻纺织生产的基本工艺与技术

一、原麻脱胶工艺

从苎麻杆上剥取的麻皮不能直接用来纺纱，必须经过脱胶工艺脱去麻皮中的胶质，成为单纤维状时才能用于纺织。早期的苎麻脱胶是采用生物脱胶法，也就是用水浸渍腐化法，即把原麻浸入水池内借助于细菌的作用，使非纤维素物质发酵裂解，然后再用清水洗除掉附着在纤维上的胶质，但这种脱胶方法不仅劳动条件差，劳动强度大；而且脱胶质量不稳定，早已被淘汰。现在大都采用化学脱胶法或生化脱胶法。

1. 化学脱胶法

化学脱胶法分为多种方法，常用的有先酸后碱两煮法、先酸后碱两煮一练法、两煮一漂一练法、两煮一漂法以及化学改性（碱变性）处理法等多种。具体到如何选择这些化学脱胶法时，还应根据原麻的质量情况、企业的生产条件以及对脱胶后精干麻质量的要求等，进行综合考虑。总之，一句话，就是在保证质量的前提下，力争达到利润最大化。目前，大多数企业选用的是先酸后碱两煮一练法工艺流程。

该工艺流程的核心是采用稀酸浸渍原麻进行预水解，在此基础上再采用高温高压碱（氢氧化钠）并以磷酸盐、硅酸盐等作为助练剂进行处理，采用敲麻的方法以除去已被分解而附着在纤维上的胶质。根据对精干麻质量的要求，在敲麻后进行精练工序，还可增加漂白工序和脱氯工序，以提高纤维的白度和更有利于去除木质素等。该流程中所使用的原麻是指由田间收获的麻包经拆包、拣麻、分级和分把后的生苎麻把。用于纺制粗支纱的精干麻，在生产工艺流程中可省去精练工序和一道脱水工序。为了进一步提高成纱质量和光泽度，可对精干麻进行改性处理，通常是采用浓碱进行处理。

2.生化脱胶法

所谓生化脱胶法，就是利用生物（主要指细菌）和化学（主要指药剂）的方法对苎麻进行脱胶：先将原麻（经拆包、拣麻、分级和分把）浸渍在含有菌种的水溶液中，并保持溶液的一定温度，使脱胶得到一定程度的分解，经过数小时的作用，然后排除菌液，再放入稀碱液稍经煮练，即可实行脱胶。目前，由于这种菌种还不能被加工成酶制剂干粉，这就给企业的使用带来了一定困难，故这种脱胶法还未得到普及和推广，尚需要进一步研发和推广。

除了化学脱胶法和生化脱胶法外，近年来，国内还出现了一种被称为苎麻带状精干麻的脱胶新工艺，所采用的煮锅循环系统、麻笼和助练剂具有一定的先进性，而且脱胶后的带状精干麻可用于切断麻的短麻纺原料，但还存在带状精干麻的并丝、硬条含量较多，还不能满足长麻纺对原料的要求，需要进一步研究和改进。

比较过去的自然脱胶法，化学脱胶法与生化脱胶法的共同优点是脱胶后的精干麻质量稳定，制成率较高，一般可达到60%～65%，但两者各有优缺点：化学脱胶法工艺流程长，化工原料用量多，劳动强度大，污水排放多，污染环境；而生化脱胶法的最大问题是生物酶制剂的生产技术和设备还未得到根本解决。

二、纺纱工艺

苎麻纺纱系统包括的工艺和生产技术如下：长麻纺纱工艺和生产技术；中长麻纺纱工艺和生产技术；短麻纺纱工艺和生产技术。现分别介绍如下。

(一) 长麻纺纱工艺和生产技术

长麻纺纱是以苎麻精干麻为原料的纺纱工艺，该工艺又可分为传统工艺（老工艺）和新工艺两种：前者是采用绢纺式梳理方法；而后者是采用集棉精纺、黄麻、绢纺等梳理工艺于一体的纺纱工艺。

1.苎麻长麻纺老工艺

苎麻长麻纺老工艺如下。

精干麻→软麻给湿→分把、堆仓→大切→圆梳(1)→落麻→小切→圆梳(2)→落麻→短麻纺原料

↓（圆梳(1)）头道长麻→圆梳→二道长麻→检麻→

→分磅→延展(1)→延展(2)→制条→并条(1)→并条(2)→并条(3)→粗纱(1)→细纱→长麻纱

↓（粗纱(1)）粗纱(2)→细纱→长麻纱

在上述老工艺中，采用了部分绢纺设备。例如，检麻又称检麻折页，实际上就是绢纺中的排绵。大切、小切是沿用了绢纺切绵机的机名，其作用就是切断长纤维制成绵棒，供圆梳机梳理之用。分磅是指将头道圆梳长麻和二道圆梳长麻，根据其质量和重量的比例要求进行均匀搭配和混合，以利提高成纱质量。该老工艺的特点是：生产技术要求与装备要求都比较低，投资费用较低，制取的纤维质量好，长度长；其缺点是由于手工操作，劳动条件差，易出工伤事故。特别是在切绵过程中，剪切的纤维呈平头状，在后道工序中难以使纤维得到均匀分布，因而容易产生大粗节纱，影响产品的质量。

2.苎麻长麻纺新工艺

针对上述老工艺生产的苎麻长麻纱质量得不到保证，而且劳动条件较差等问题，经过研究后又研发了长麻纺新工艺。长麻纺新工艺过程如下。

精干麻→软麻、给湿→分把、堆仓→扯麻→开松→梳麻→预并(1)→预并(2)→条卷→精梳→落麻→短麻纺原料

→并条(1)→并条(2)→并条(3)→并条(4)→粗纱(1)→粗纱(2)→细纱→长麻纱

在上述新工艺中，预并的作用是将条干不匀的梳麻条经过预并后可改善均匀度，故在麻纺中也被称为理条。在预并（2）与精梳之间的条卷，不仅可以改善精梳断条造成的横向不均匀，而且还可改善麻条内弯钩纤维。如果对成纱质量和细度要求较高时，可在此工艺流程中再增加一道复精梳，并相应增加预并和条卷，减小头道精梳机的拔取隔距，放大复精梳的拔取隔距，以提高总梳成率。该新工艺的特点是：克服了老工艺中的缺点，基本上消除了大粗节，劳动强度和条件也有所改善；但在梳理过程中产生的麻粒不易在精梳过程中被除尽，因此在成纱中的小麻粒

较多，纤维品质不如老工艺的品质好。

（二）中长麻纺纱工艺和生产技术

中长麻纺纱新工艺基本上是套用了精梳毛纺设备，在此基础上，将精梳毛纺工艺与棉纺工艺相结合，研究成功了中长型麻纺工艺。该工艺的特点是工艺流程短、占地少、费用低等，它不但可以生产中长型涤麻混纺织物用纱，而且还可生产部分粗支（中高特）纱，用于服装面料及装饰织物的纯纺和混纺纱线。现举例如下，用于涤麻混纺的中长纺纱工艺流程如下。

涤纶散纤维
↓
中长型精干麻→软麻→给湿→堆仓→预开松→小量混合→开清棉机组→梳棉→并条(1)→并条(2)→粗纱→细纱→涤棉混纺纱

该工艺流程中的设备全部套用化纤生产中的长纺纱设备，所不同的是只对各工序的工艺参数进行了调整。需要说明的是：中长型精干麻是指用原麻切成 90～110mm 长度，脱胶后的精干麻。涤纶散纤维的规格，一般为细度 2.22～3.33dtex，长度为 65mm。预开松机可套用开清棉机组，一般采用一刀（梳针滚筒）一箱开松即可，而开清棉机组则可采用二刀（梳针滚筒和综合打手）二箱处理。在加工生产细支优质纱时，在工艺流程中可再增加一道精梳工序。对于所用的中长型精干麻，既可采用常规的精干麻切断成中长型，也可采用长麻纺中开松麻条切断成中长型纤维与涤纶混纺。对于上述工艺流程，还可以通过调整工艺参数，使之既适合涤纶或棉进行混纺，也可以进行中长型麻纯纺。

（三）短麻纺纱工艺和生产技术

严格而言，苎麻的短麻纺纱装备应是长麻纺的辅助工艺装备，它是以长麻纺的精梳落麻包括长麻纺老工艺中的圆梳或圆梳的落麻和新工艺中直型精梳机的落麻作为原料，纺制粗中支纯麻纱或麻棉混纺纱等。短麻纺的工艺大致可分为粗梳毛纺系统工艺、棉纺系统工艺和中长纺系统工艺三种。一般而言，粗梳毛纺系统的短麻纺工艺流程较短，能适应短纤维原料的纺纱生产要求，但由于设备投资远大于棉纺设备，而且用人数量又较多，产品档次和纱线品质较低，经济效益较差。对于棉纺系统纺麻工艺系统，虽有投资省、用工数量较少和经济效益高的优势，但它比较适宜于麻棉混纺纱的加工要求，不太适应短麻纤维与其他纤维混纺的要求。相对而言，中长纺工艺可适应于与其他纤维混纺，不仅适纺产品的品种面较宽，而且成纱品质也比较好，特别适宜于涤麻混纺纱。

在中长纺工艺中，由于采用的原料是精梳落麻，因此可以省去预开松工序。在麻棉混纺工艺流程中，由于麻、棉两种纤维的密度不同，加之这两种纤维的包装密度也不相同，为了保证两种纤维能均匀混合，不宜采用抓包机；同时，开清棉机组的配置应为三刀二箱，以适应不同纤维混合均匀的要求。在纺制粗支麻棉混纺纱时，如采用转杯纺纱机等自由端纺纱机，不仅可缩短纺纱工艺，而且可提高纱线的均匀度和质量，降低纺纱成本。

三、织造工艺

目前，苎麻织物的产品品种主要有纯麻织物，麻棉、麻涤、天丝麻、天丝麻棉、麻毛、麻毛涤、麻涤黏、黏麻、毛麻黏混纺织物，棉麻、黏麻、丝麻、天丝麻、涤棉麻交织织物等，可归纳为棉型织物和毛型织物两大类，其织造工艺也基本上是套用现有的棉织和毛织工艺。由于苎麻纱线，特别是纯苎麻纱线具有毛羽多而长、粗糙而伸长率小以及条干均匀度差等缺点，在织造过程中会带来很大困难。为了解决这一难题，一般是采用重浆工艺或是进行交织及采用混纺纱线织造。因此，对于浆纱工艺的优选成为弥补苎麻纱线的缺点，并顺利进行织造的关键技术。于是，除了广泛采用渗透与破覆并重的重浆工艺以及性能优良的浆纱机外，还要有能适应苎麻纱线的浆纱工艺。

1.改进后的棉织工艺

按照传统的棉织工艺，即采用筒子纱整经后，直接在浆纱机上并轴后进行上浆烘燥，然后卷成织轴，送到织机上织造，这一工艺不仅织造效率很低，而且布的质量也很差。对此工艺进行改进，可得到如下棉织工艺。

经轴→并轴→两浸两轧浆槽→抹浆辊→湿分绞→热风预烘→滚筒烘燥→后上蜡→织轴

为了弥补苎麻纱线毛羽多、长的缺点，浆料以采用化学浆料和混合浆料为宜，可提高浆液对纱线的渗透性和被覆性。通过改进后的工艺，虽然能适应大量生产，但织造效率和产量仍不如棉织物。

2.单纱上浆工艺

此工艺适合于制织高支纯苎麻织物，上浆生产率非常低，其工艺如下。

单纱线筒子→单纱线浆纱机并烘燥→络筒→整经→并轴成织轴或单纱线筒子→单纱线浆纱机并烘燥→络筒→整经→并轴→浆纱机→上蜡→织轴

3.先浆纱后并轴工艺

此工艺是采用一个经轴（约700根经纱）在浆纱机上单轴上浆，将上浆后的经轴再进行并轴成织轴。单轴上浆的浆纱机配置工艺为：经轴→浆槽上浆→抹浆辊→湿分绞→热风预烘→滚筒烘燥→后上蜡→浆轴。该工艺配置路线的特点是：采用单轴上浆头份少，在湿分绞时，相邻经纱之间的距离较大，不会使毛羽与相邻的纱分绞扯开时又重新粘接在一起。在由若干个桨轴并合成织轴时，必须强调整批换桨轴，不仅要求使其直径和重量基本一致，而且还要控制好各桨轴张力的一致性，这样才能保证并成的织轴上经纱张力尽量一致，以利于织造顺利，减少断经，提高织造效率和织物质量。

在织造工艺中，要防止经纱过多地受到反复摩擦，以免被覆在纱线上的浆膜受损而重现毛羽，因此在苎麻织造工艺过程中常采用接经机代替穿综插筘。选用适宜的织机或对棉织机进行改进，如可选用小开口的片梭织机或箭杆织机；也可适当后移棉织机的后梁，减小开口。毛织工艺（包括精梳毛纺系统和粗梳毛纺系统）适宜于加工含麻比例较低（<30%）的混纺织物，一般可以全部直接套用毛织物的织造工艺与设备。

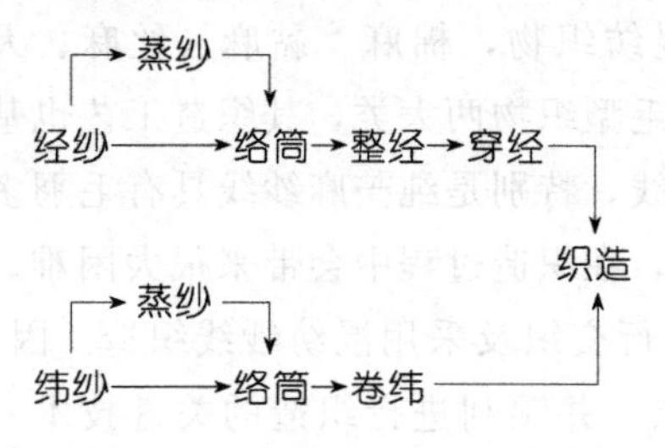

苎麻坯布整理工艺流程如下。

检验→折布→修织洗→复查、定等级→打包→入库→染整加工

四、染整工艺

染整工艺是苎麻纺织生产的最后一道工艺，包括烧毛、退浆、漂白、染色、印花及后整理等工序。一般而言，染整工艺与织物的品种及用途密切有关。对于苎麻织物的染整工艺，可归纳为棉型染整和毛型染整两大类型。目前，基本上是全部套用棉染整工艺。整理后的织物存在手感硬糙、色泽不够鲜艳（尤其是深色）和易折皱、不耐磨、毛茸多而有刺痒感等缺点。为此针对这些缺点进行了以下改进，使产品质量有所提升。染整工艺一般需要经过练漂、染色或印花、整理这几个阶段。其中，练漂工艺过程如下。

坯布准备→烧毛→退浆→煮练→漂白→开幅、轧水和烘干→丝光

坯布准备的目的是为了检查织物的规格和疵病，发现问题并及时处理，内容包括检验、分批、打印和缝接，以便于识别和管理。烧毛是指烧去布面上的毛羽或绒毛，使布面光洁美观，防止染色和印花时因毛羽而产生染色不匀和印花疵病。退浆不仅是为了去除坯布上的浆料，而且是为了除去部分天然杂质，以利于以后的煮练和漂白。退浆分为酶退浆、碱退浆和酸退浆等数种。煮练的目的是将织物放在高温碱溶液中煮练，去除经退浆后仍残留在织物上的一些杂质、蜡质、果胶质及木质素等，并可提高织物的吸水性和白度，便于印染过程中染料的吸附与扩散。漂白的目的是去除色素，使织物具有必要的白度，同时也可去除残留的蜡质等。开幅、轧水

和烘干是为了适应丝光、染色、印花等工序平幅加工的需要，必须通过开幅机将练漂后的织物展开成平幅状态。织物经开幅后，在烘干前先经轧水机轧水，以降低烘干时蒸汽消耗，且使织物平整。丝光是指织物在一定张力下用浓烧碱（NaOH）溶液处理后，纤维产生膨化，分子排列整齐，对光线反射有规律，可以增加光泽；同时，使纤维晶区减少，无定型区增加，可以提高染料的吸附能力。在丝光过程中，织物内的纱线由于纤维膨化，其直径增大而长度缩短，使纤维间和纤维间的组织更为紧密，增加了织物的断裂强度。丝光还可提高纤维的化学反应性能，并使尺寸稳定。

对于退浆与烧毛的前后次序问题，苎麻织物与棉布有所不同。因为苎麻纱的毛羽多而长，所以苎麻织物的浆纱是用化学浆料为主；也有的采用化学浆料和淀粉的混合浆料，是重浆，浆膜较厚。若采用原棉型工艺，即坯布先烧毛后退浆，难以将毛羽烧尽，即使把短毛羽全部烧光，由于重浆而浆膜有一定的厚度，退浆后留下长度与浆膜厚度相同的又短又粗的毛羽，使手感变差；况且，化学浆料在烧毛时间稍长时，容易产生不均匀的熔融作用，形成小浆斑，在退浆时不易退尽，将会严重影响后道染整效果。所以，苎麻织物通常是采用先退浆、后烧毛的工艺。由于苎麻织物的浆纱是采用化学浆料或是化学浆料和淀粉的混合浆料，是重浆，浆膜较厚，一般采用烧碱和过氧化氢结合退浆。

苎麻纤维本身洁白，有蚕丝一样的光泽。但由于它与非纤维素物质（如胶质）伴生在一起，在脱胶工序中虽已基本上除尽胶质，但仍有少量（约2%）的残胶存在。因此，在织物染整加工时，必须对织物进行漂白，其目的不仅仅是增加织物的白度，更重要的是借助于氯漂的作用，使苎麻织物中残留的木质素含量降到最低(一般脱胶未漂白的精干麻，其木质素含量约为1%，经漂白后的残留≥0.5%)，以达到染色和印花的工艺要求。漂白时，还要掌握好氯的用量和浓度，漂白后还必须进行脱氯和稀碱液的精练，以溶除氯化木质素，这样既有利于提高产品质量，又可减少漂白处理的麻烦和降低成本。

丝光原是棉织物在印染加工中的一道工序，旨在通过浓碱处理，使表面有扭曲的纤维膨润，加张力拉伸时，纤维的表面趋平而产生丝样光泽。苎麻纤维与棉纤维的结构不尽相同，而且纤维已有光泽。但是，苎麻纤维的晶体微细结构与棉纤维有所不同，它的结晶度、聚合度、取向度都比较高，无定型区小，结构紧密，因此上染率比较低，上色较困难，尤其是染中、深色时更为明显。为了解决上色困难，通过采用丝光工艺对苎麻织物进行浓碱处理，使苎麻织物表面的纤维膨润，从而降低了结晶度、聚合度和取向度，扩大无定型区，使织物表面纤维的上染率提高，不仅可节省染料，而且光泽深艳。由于丝光的目的和要求与棉织物不同，所以在浓碱处理时不必施加拉伸张力，这样就可简化加工工艺。

采用浓碱处理苎麻织物的机理是使纤维素Ⅰ变成纤维素Ⅱ，经过浓碱处理后的纤维断裂强度降低约 40%，但纤维断裂伸长率有所提高，手感柔软，失去了苎麻纤维的特征。在脱胶时，采用这种浓碱处理的工艺被称为“苎麻改性处理”，而在织物上采用浓碱处理工艺则被称为“丝光”；后者较前者不仅操作方便，处理量小，成本降低，而且仅是对织物表面进行改性，织物内部仍保持苎麻的特性。因此，在染整工艺的预处理工序中，进行丝光处理是最佳工艺选择。

第二节 亚麻纺织生产的基本工艺与技术

一、原料初加工工艺

所谓原料初加工是指将亚麻原茎通过温水浸渍等一系列加工处理，从中制取纤维的过程。亚麻打成麻半制品和二粗麻半制品的工艺流程如下。

亚麻原茎→选茎→束捆→温水浸渍→干燥→养生→碎茎→打麻→打成麻半制品
└→二粗麻半制品

亚麻打成麻半制品和一粗麻成品的工艺过程如下。

打成麻半制品→养生→整梳→打成麻成品
└→一粗麻成品

亚麻二粗麻成品工艺流程如下。

二粗麻半制品→烘干→振荡除杂→二粗麻成品

对于亚麻原料的初加工，除了上述工艺中所采用的温水浸渍法外，有的还采用雨露浸渍法。其工艺原理是利用雨露的浸润代替用温水浸渍的作用，使其完成脱胶，其工艺流程如下。

亚麻原茎→铺麻（直接铺在田间）→雨露浸润→翻麻→雨露浸润→自然干燥→打包→（脱粒）→干茎（干茎以后的加工流程和温水浸渍法完全相同）

温水浸渍法和雨露浸渍法各有优缺点。温水浸渍法是国内外最普遍采用的方法之一。该法的主要工艺是将麻茎投入沤麻池中，在 32～35℃ 的水温条件下浸渍 40～60h，加工条件易于控制，加工成的麻纤维质量较好且均匀；雨露浸渍法是将麻茎铺放在野外田间露天 20～30d，利用雨露及阳光的自然条件达到沤麻脱胶的目的。其优点是可利用自然界存在的天然能源，生产条件较为简单，降低了成本，但这些自然界的天然能源不能进行人工控制，因而纤维质量难以得到保证（不太均匀），所制得的纤维较粗硬，给纺纱造成一定的困难，只能纺制粗支纱。

在原料初加工的工艺过程中还有一道打麻工序，打手方式分为手轮打麻和机械打麻两种类型。手轮打麻是采用简单的轮式打麻机，用它打成的打成麻含麻率较低，而且劳动环境极差，劳动强度大，生产效率低。而机械打麻是采用机构较复杂的打麻机，它能有效地改善劳动环境和条件，提高出麻率和打成麻质量；如将它与碎茎机联合起来使用，可大大提高生产效率和产品质量；对于原料初加工过程中所产生的下脚料，如一粗麻和二粗麻经过较好的除杂处理后，可用于纺制粗支的干纺纱。

二、纺纱工艺

亚麻打成麻是亚麻纱的原料。打成麻的束纤维长度很长而支数很粗，其间还含有麻屑等杂质。因此，需要经过带有针帘的栉梳机梳理，将束纤维劈细，并使纤维伸直平行；同时，清除掉麻屑、杂质和疵点，可获得由束状平行长纤维构成的梳成麻和一部分短麻。由于梳成麻和短麻的长度与状态存在着显著差别，所以必须采用不同的纺纱系统分别进行纺纱。加工梳成麻的称为长麻纺纱系统，加工短麻的称为短麻纺纱系统。

1.长麻纺纱系统

该系统主要用于加工高支、中支纱及高级工业织物用纱。其工艺流程如下。

亚麻打成麻→加湿养生→手工初梳（分束初梳）→梳麻（栉梳）→梳成麻→梳理分号（手工梳理）→养生（给乳、堆放）→成条→并条（1）～并条（4）→粗纱→细纱（干纺或湿纺）

在此工艺流程中，打成麻经过加湿养生后，将打成麻分成一定重量的麻把，先进行手工初步梳理，使纤维得到初步的松解和平行，去除杂质和短纤维，可提高栉梳机的梳成率。栉梳机的设计采用了精梳原理，用夹麻器夹住麻把的一端，另一端则悬垂在两个针帘之间受到梳针的梳理；待一端梳好后，则自动装置将夹麻器翻转180°，夹住已梳好的一端，使未梳的一端接受机器另一侧针帘的梳理。在纺制高支纱时，为了清除栉梳产生的疵点，并使纤维更加伸直平行，一般都要经过手工整梳这道工序。

给乳、堆放即养生，在乳液成分中大部分是水，给油量极少，堆放需要24h左右。并条一般采用3道，也有采用2道或4道的，这要看成条的质量来确定。并条机有开式（单排针板螺旋式）和推排式两种。粗纱机有翼锭式和吊锭式两种，后者速度要高于前者。细纱可分为环锭湿纺、吊锭或翼锭干纺两种。湿纺是在粗纱喂入牵伸装置之前先经过水槽，槽中放有温水或在温水中再加入浸透剂。因为亚麻是半脱胶纤维，当束纤维通过水槽浸湿时，胶质会变软，须条在接受牵伸时，致使单纤维相互之产生相对运动，可以纺制较细的纱。牵伸后由于胶质再次凝固，使细纱的强力增高，纱的表面光滑、毛羽少。因此，亚麻湿纺适于纺制高支纱。

2.短麻干法纺纱系统

短麻干法纺纱系统的基本工艺流程如下。

各种可用的短麻纤维→开清混合（混麻）→给乳、堆放（给湿养生）→联合梳麻→并条 2～3 道→粗纱→细纱

3. 短麻精梳干法纺纱系统

短麻精梳干法纺纱系统如下。

各种可用的短麻纤维→开清混合（混麻）→给乳堆放（给湿、养生）→联合梳麻→预并→再割→精梳→并条 3～4 道→粗纱→细纱

在短麻纺纱系统中，短麻纺的原料包括栉梳落麻、初步加工打成麻落麻、低级打成麻以及各工序的回丝麻等。由于原料含有杂质，以及纤维长度与细度不同等，需要分别经过不同的开清处理，然后再用混合的方法进行混合，并经过给乳、堆放，才能进入联合梳麻机进行梳理。对于上述三种工艺，均可对粗纱直接采用湿纺细纱机纺纱，形成相应的湿纺工艺。如果对粗纱进行煮练或漂练处理，再用湿纺细纱机纺纱，就可成为相应的煮练或漂练的湿纺工艺。

亚麻纺纱除了上述干法纺纱和湿法纺纱外，还有一种名为润湿纺纱工艺，又称为半湿纱工艺。其工艺流程与各类干法纺纱系统相同，所不同的只是在细纱机上装有润湿罗拉，使须条在牵伸加捻的同时用水使其润湿，达到毛羽伏贴在细纱表面的目的，提高纱的光滑度；但实际效果并不显著，而且给细纱机的设计与制造带来麻烦，罗拉也容易锈蚀。所以，目前已不采用。

三、织造工艺

亚麻织造可以各类干纺亚麻纱、湿纺亚麻纱以及亚麻与其他纤维的混纺纱为原料；也可以用棉纱为经，各类亚麻纱为纬，织成各类纯亚麻织物、混纺织物和交织织物。

在生产亚麻细布时，通常使用长麻湿纺纱或短麻精梳湿纺纱的细支纱、中支纱为原料，经纬纱同支；可用有梭织机、剑杆织机或片梭织机织造，其工艺流程与其他纤维织物相同，基本工艺流程如下。

经纱→络筒→整经→浆纱→穿综筘 ┐
　　　　　　　　　　　　　　　　├→织造→验布→修布→量布→叠布→坯布→打包→入库
纬纱→络筒→卷纬 ──────────┘

在织造类似于亚麻帆布的厚重织物时，应采用上投梭的重型织机织造，也可用剑杆织机织造。原料长短麻纱均可使用，也可采用棉纱为经纱，麻纱为纬纱的棉麻交织物。在织造亚麻水龙带时，需要采用专门的织机织造，织物呈筒状，经纱不上浆；有的用织轴上机织造，也有的用筒子纱插在纱架上直接上机织造；后者可以织造无限长的水龙带，可按需要的长度任意截取。经纬纱可分别采用长麻湿纺多股线及长麻干纺多股线。

四、染整加工工艺

亚麻布的染整加工工艺因其织物的类别不同而异。对于亚麻细布类产品而言，除以原色布作为成品布以外，都需要进行各种不同的染整加工，其加工工艺与织物使用的纱种有关。例如，以干纺纱及一般湿纺纱织成的坯布经酸洗工艺及漂白工艺而形成的酸洗布、半漂布（或全漂布），如需进行染色，则应在漂白后进行。以煮练、练漂纱织成的坯布，虽在纺纱过程中已对粗纱进行过煮练、练漂的加工，如果是生产全漂布，则仍需要进行再煮练和漂白。如果是生产染色布的，则需要经漂白后再进行染色加工。其各种加工流程如下。

1.酸洗布加工工艺流程

坯布成批→缝头→烧毛→退浆→酸洗→水洗→开幅→水洗→烘干→量布→验布→叠布→成品布打包

2.漂白布加工工艺流程

坯布→缝头→烧毛→退浆→水洗→煮练→水洗→酸洗→煮练→水洗→轧漂→淋漂→水洗→开幅→水洗→上浆→烘干→拉幅→轧光→量布→验布→叠布→成品布成包

3.染色布加工工艺流程

坯布→缝头→烧毛→退浆→水洗→煮练→水洗→酸洗→煮练→水洗→漂白→水洗→丝光→染色→树脂整理→预缩整理→量布→验布→叠布→成品布成包

在上述酸洗布、漂白布和染色布的工艺流程中，某些个别工序中还包含如下一些其他工艺流程。

（1）丝光工序的工艺流程　坯布（丝光工序前的坯布）→浸轧烧碱→绷布→浸轧烧碱→淡碱冲洗→去碱→水洗→落布（下接染色）。

（2）染色工序的工艺流程　丝光后的半成品→浸轧染液→预烘→烘干→蒸汽还原→氧化→皂煮→水洗→落布。

（3）树脂整理的工艺流程　染色后半成品→浸轧处理液→预烘→烘干→落布→烘焙→落布。

（4）预缩处理工艺流程　树脂处理后半成品→进布→胶毯处理→呢毯处理→落布。

（5）防水、防腐处理的工艺流程如下。

坯布成批→缝头→剪毛→退浆→水洗→浸单宁→浸硫酸铜和红矾→堆放→浸硫化碱(显色)→水洗→半烘干→浸硬脂酸乳化液→浸硫酸铝→水洗→烘干→上蜡→轧光→量布→验布→叠布→成品布成包

（6）其他工艺流程　对于用于服装衬布的亚麻帆布，仅需要进行预缩整理或树脂整理；对于用于油画底布的亚麻布，只需对坯布进行剪毛、轧光整理即可；对于用于工业用的亚麻布不需要进行任何整理，只需要对坯布进行轧光、量验即为成品。

在亚麻布染整加工中所使用的染料中，大多采用可溶性还原染料，其他如水溶性偶氮染料、活性染料也可使用。对于漂白所用的漂白剂，一漂常用次氯酸钠，二漂常用过氧化氢。

第三节 胡麻纺织生产的基本工艺与技术

胡麻实际上就是油用种和油纤两用种的亚麻，它是沿古代“丝绸之路”由国外引种到我国的，故以“胡”字命名，称为胡麻。胡麻的原料初加工工艺，一般采用亚麻原料初加工的工艺，但在浸渍工序时采用冷水浸渍效果也很好。至于纺纱加工的工艺尚未形成成熟的基本工艺，多数是借用其他纤维的纺纱工艺。综合起来，有以下数种工艺。

一、直接以胡麻打成麻为原料的纺纱工艺

1.采用亚麻长麻、短麻的各种纺纱基本工艺

若采用胡麻高级优质打成麻为原料，则可按亚麻长麻纺工艺纺制干纺纱、湿纺纱；若采用胡麻短纤维及中、低级质次的打成麻为原料，则应按亚麻短麻纺工艺纺制干纺纱、湿纺纱。

2.采用绢麻纺的纺纱基本工艺

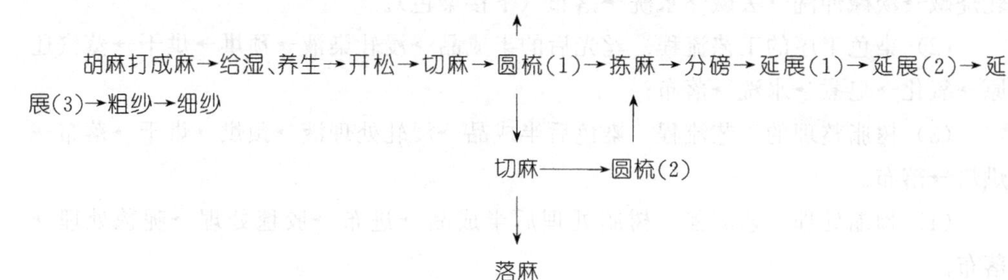

3.采用黄麻纺的纺纱基本工艺

胡麻打成麻→给湿、养生→梳麻(1)→梳麻(2)→并条(1)→并条(2)→并条(3)→并条(4)→细纱

先对胡麻打成麻进行化学脱胶，制取胡麻精干麻，以此为原料经纺纱制取胡麻精干麻的工艺流程如下。

胡麻打成麻→浸酸→碱煮→酸洗→水洗→(漂白→脱氯→水洗)→脱水→给油→脱油水→烘干→精干麻

二、以胡麻精干麻为纺纱原料的纺纱基本工艺

1. 采用绢麻纺式的基本工艺

胡麻精干麻→给湿、养生→软麻→开松→切麻→圆梳(1)→圆梳(2)→拣麻分磅→延展(二道)→并条(3～4道)→粗纱→细纱

（圆梳(1)↓切麻；圆梳(2)↓落麻）

2. 采用亚麻精梳短麻湿纺式（含煮练、练漂）基本工艺

胡麻精干麻→给湿、养生→软麻→开松→联合梳麻→预并→精梳→并条（3道）→粗纱→（煮练、练漂）→湿纺细纱

3. 对胡麻打成麻经浓碱处理（俗称“碱变性”）的原料，采用棉纺中长纺为主的基本工艺。

对胡麻进行浓碱处理工艺如下。

胡麻打成麻→预浸酸→碱煮→中和→水洗→脱水→烘干→碱处理胡麻

纺纱基本工艺如下。

碱处理胡麻→混麻→滚筒开麻→豪猪打手开麻→给麻箱→单打手成卷→梳麻→并条（2～3道）→粗纱→中长纺细纱

4. 对生胡麻、优质二粗麻、胡麻打成麻，经过化学脱胶后，制成毛型胡麻或棉型胡麻，最后纺制成毛型胡麻纱或棉型胡麻纱。

加工毛型或棉型胡麻纤维的工艺流程如下。

生胡麻(或优质二粗麻)→除杂(多道)→装锅→碱煮→水洗→酸洗→水洗→脱水→烘干→开松→梳理→毛型胡麻或棉型胡麻纤维

毛型或棉型胡麻纱的纺纱工艺流程如下。

胡麻打成麻→切麻→蒸球煮练→酸洗→水洗→脱水→湿开松→烘干→开松→梳理→毛型胡麻纱或棉型胡麻纱

① 采用粗梳毛纺工艺技术路线与羊毛混纺基本工艺如下。

毛型胡麻纤维┐
　　　　　　├→混合→梳理搓条→细纱
羊毛→加油──┘

② 采用棉纺普梳工艺技术线路与棉混纺基本工艺如下。

棉型胡麻纤维┐
　　　　　　├→抓棉(麻)→混合→豪猪打手开棉(麻)→双给棉(麻)箱→成卷→梳棉(麻)
　　　　棉──┘

→并条(二并)
　　　　↓
细纱←粗纱

以上介绍了胡麻的原料初加工和纺纱工艺，胡麻织造和染整工艺与亚麻织造和染整工艺相同，没有特色，故在此不再赘述。

第四节　大麻纺织生产的工艺与技术

据历史记载，大麻纤维是我国古代开发较早的衣着原料之一。但是，由于它的形态结构较特殊，单纤维长度短，整齐度差，果胶、木质素、半纤维素等含量高，结晶度、定向度高等原因，给大麻纤维的脱胶和纺织及染整带来了困难；目前，经过长期的研究开发，已初步形成了大麻纤维（简称大麻）的脱胶、梳理、纺纱、织造和染整加工工艺。

一、脱胶工艺与技术

大麻的脱胶技术有传统工艺、机械加工工艺、化学工艺和生物工艺四种。根据大麻纤维的特点和产品的用途，采用化学脱胶法制得的大麻精干麻，具有良好的梳理性能和较好的可纺性能，可确保较高的纺纱效果和优良的成纱质量。通常采用半脱胶工艺，制取大麻束纤维纺纱，以弥补大麻单纤维过短的缺陷。化学脱胶工艺分为高温高压和常温常压两大类，视原麻品质和纺纱工艺要求的不同而异。高温高压煮练的优点是：脱胶速度快，去除的胶质多，精干麻的品质较好；但纤维制成率较低，制成的工艺纤维长度较短。常温常压工艺正好与其相反：脱胶速度慢，去除的胶质较少，因而精干麻纤维分离度较差；但纤维制成率较高，制成的工艺纤维长度较长。因此，高温高压煮练工艺生产的纤维质量较好，可采用精梳工艺用干纺法纺制细支纱；而常温常压煮练适宜采用粗梳工艺用湿纺法纺制中低支纱。

大麻加工常用的化学脱胶基本工艺如下。

原麻扎把→装笼→浸酸→水洗→煮练→水洗→敲麻→漂白→水洗→酸洗→水洗→脱水→开松→装笼→给油→脱油水→抖散→烘干→精干麻

二、梳理工艺与技术

由于大麻纤维短，化学脱胶一般都是采用半脱胶工艺，加之原麻品质的差异较大以及后加工的要求不同。因此，大麻纤维的梳理工艺也就不同，可分为精梳和粗梳两种工艺。

1. 精梳麻条工艺

脱胶精干麻→软麻、给湿、加油→堆仓、养生→开松→头道切麻→头道圆梳———→排麻→
　　　　　　　　　　　　　　　　　　　　　　　　↓　　　　　　　↑
　　　　　　　　　　　　　　　　　　　　　二道切麻 → 二道圆梳

磅麻→延展(1)→延展(2)→并条(1)→并条(2)→成球

这是一种以采用圆梳为主要特征的梳理工艺流程，适用于原料品质好，使用高温高压法制取的精干麻，用于纺制细支大麻纱的精梳成条工艺。

2.粗梳麻条工艺

脱胶精干麻→软麻、给湿、加油→堆仓、养生→开松→初梳→联梳成条

此为采用以亚麻联梳为主的梳理工艺，适用于原料品质稍差，且采用常温常压的脱胶工艺，适合于后道采用湿纺的纺纱工艺，可生产中、低支大麻纱。

3.短麻麻条工艺

落麻、短麻等下脚回花及低等级脱胶麻→和麻、给湿、加油→堆仓、养生→搓条梳麻

此为专门用于处理低等麻、短麻、落麻、下脚回花等的梳理工艺，常用于毛纺工艺生产的粗支纱。

三、纺纱工艺与技术

到目前为止，国内外尚无专用的大麻纺纱系统，也无成型的专用设备。大麻纺纱主要是借鉴亚麻和苎麻纺纱系统及其相应的纺纱设备。按纺纱中的脱胶控制方式，可以分为干法纺纱和湿法纺纱。干法纺纱采用残胶率较低的精干麻，经多道梳理，可用于纺制细支纯麻纱及多种混纺纱；而湿法纺纱采用残胶率较高的精干麻，梳理后，获得的麻条和落麻工艺纤维的细度较粗，须经漂练（实质为二次脱胶），才能适应粗支纯麻纱。大麻纺纱可供采用的纺纱工艺以下几种。

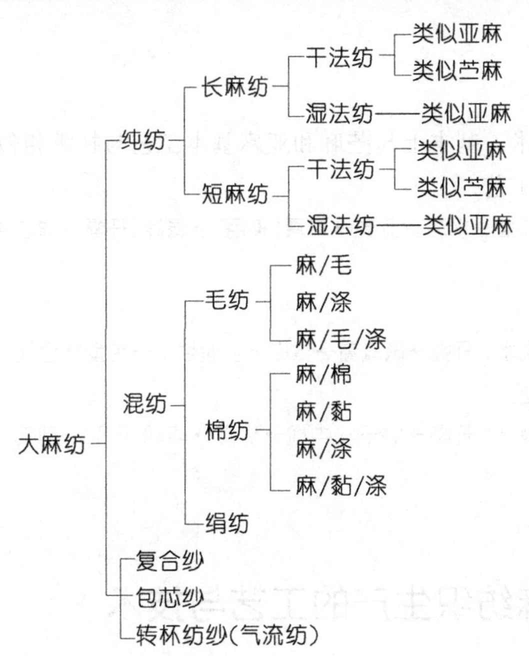

大麻纺纱系统的主要典型工艺如下。

1.纯麻纺纱的基本工艺

圆梳麻条(球)→并条(1)→并条(2)→粗纱→细纱→络筒

2.混纺纱线的基本工艺

此工艺一般采用条子混合，基本工艺流程如下。

圆梳麻条和其他纤维条→混条→并条→复精梳→并条(1)→并条(2)→并条(3)→[并条(4)]→粗纱→细纱→络筒→(并纱)→(捻纱)→(蒸纱)→(络筒)

3.回麻、落麻、短麻纺纱采用粗梳毛纺工艺

梳麻搓条麻条→纺纱

4.湿纺大麻纱线的基本工艺

圆梳麻条→并条(1～4)→粗纱→煮练→湿纺细纱→烘干→络筒

粗梳麻条→理条→预并→复精梳→并条(1～4)→粗纱→粗纱煮练→混纺细纱→烘干→络筒

四、织造基本工艺与技术

大麻纤维的织造基本工艺与亚麻相似，所采用的织造设备和技术也基本相同，其织造基本工艺如下。

经纱→整经→(浆纱)→穿筘→织造

纬纱→络纬→织造

五、染整基本工艺与技术

大麻织物的染整基本工艺与技术，基本上与苎麻和亚麻基本工艺与技术相似。

1.漂白、印染纯大麻布的基本工艺

翻布缝头→刷毛→剪毛→烧毛→冷轧堆→水洗→亚漂→氯漂(染色)→退捻、开幅→增白烘干(卷染)→轧光(烘干)→检验→打包

2.涤麻混纺布的染整基本工艺

翻布缝头→烧毛→冷轧堆→水洗→脱水、开幅→碱减量→漂白→整理烘干→定型→检验

3.涤毛麻混纺布的染整基本工艺

生修→烧毛→预洗→洗呢→煮呢→吸水、开幅→烘干→中检→熟修→蒸呢、刷呢→剪毛→定型→蒸呢→压光→蒸呢→检验成包

第五节 罗布麻纺织生产的工艺与技术

罗布麻的开发和利用时间并不长，由于罗布麻纤维细而柔软，因而具有较好的

强力、光泽、吸湿性、透水性和抗腐蚀性能；但由于其比棉纤维短、硬，而且长度差异大，在目前还没有一套成熟的生产工艺和技术。不过已发现其利用价值，尤其是医疗和卫生价值较高。在纺织方面，纯纺产品比例较少，大多可用于混纺的机织和针织产品。罗布麻的脱胶工艺如下。

原麻→碎茎→抖撵→扎把→装笼→浸酸→水洗→煮练(1)→水洗→煮练(2)→打麻→漂白→酸中和→脱氯→精练给乳→脱水→抖麻→烘干→脱胶麻

罗布麻的纺纱工艺如下。

脱胶麻→软麻→开松→粗梳→预并→精梳→并条(1)→并条(2)→并条(3)→粗纱→细纱→络筒

脱胶麻→软麻→开松→清花→梳棉→并条(1)→并条（2）→粗纱→细纱→络筒

原麻↗（进入清花）；并条（2）→(气流纺)

第六节　黄麻、洋麻纺织生产工艺

黄麻、洋麻纺织的传统产品主要有麻袋、麻布和麻纱线三大类，它们的基本工艺流程如下。

一、黄麻、洋麻麻袋生产基本工艺流程

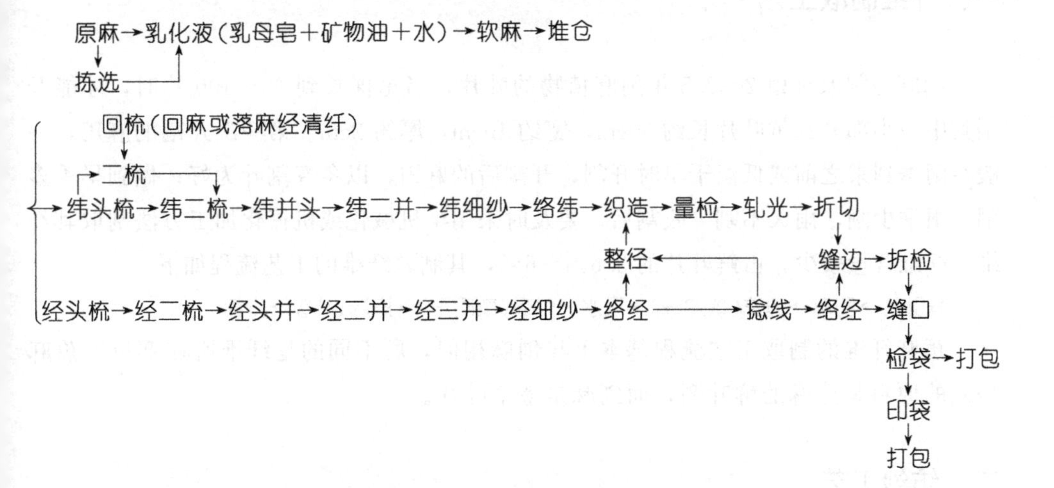

二、黄麻、洋麻麻布生产基本工艺流程

原麻→乳化液(乳母皂+矿物油+水)→软麻→堆仓→头梳→二梳→头并→二并→三并→

拣选（原麻→拣选→乳化液）

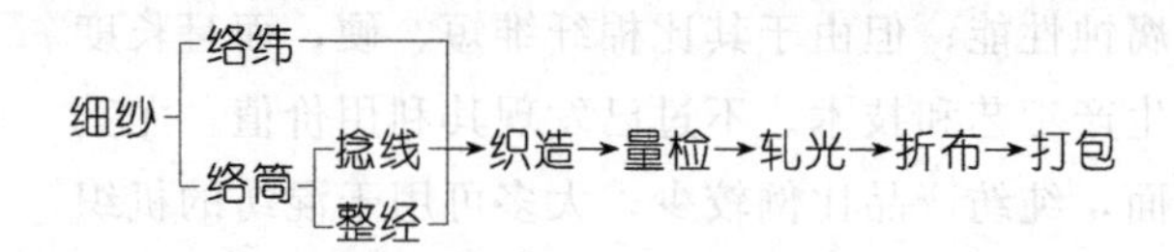

三、黄麻、洋麻纱线生产基本工艺流程

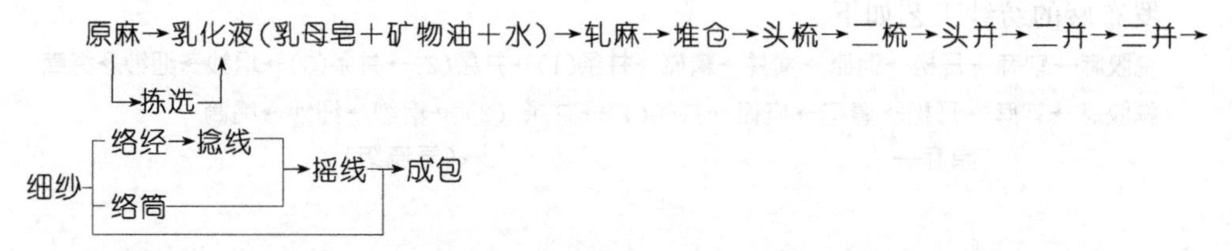

在此工艺流程中有三道并条，通常可根据所纺纱线的粗细来确定是采用二道并条还是三道并条。纺细支纱时采用三道并条，纺制纱支较粗者可采用二道并条。

第七节　剑麻、蕉麻纺织生产的工艺路线

一、纤维制取工艺

剑麻是割取种植 2～2.5 年剑麻植物的叶片，当每棵长到 90～100 片时，才能开割其中一小部分；鲜叶片长约 90cm，宽约 10cm，厚约 2cm。第一次开割的麻田，一般在雨季到来之前或低温干旱时开割，开割后的麻田，以冬春割叶为好；做到旱季多割，雨季少割，雨天不割。收割后，要及时采用半机械化或机械化加工方法刮取其纤维；纤维含量较少，占鲜叶片的 3.6%～6%，其制取纤维的工艺流程如下。

鲜叶片→刮麻→锤洗(或冲洗)→压水→烘燥(或晒干)→拣选、分级→打包

蕉麻纤维的制取工艺流程基本上与剑麻相似，所不同的是纤维所在部位：蕉麻喂入的原料是蕉麻的鲜叶鞘，而剑麻是整个叶片。

二、纺纱工艺

由于剑麻与蕉麻纤维的性状非常相似，因此这两种麻的纺纱工艺是基本相同的，通常是根据原料的品质和产品要求的不同，将不同等级的纤维搭配混用，并分好把，喂入延展机（又称理麻机）；经过 4～6 道，延展机受到针排梳理和牵伸作用，使纤维平直，麻条渐次变细，并除去部分杂质。在头道梳理时，还需滴入一定

量的油，主要是软麻油、绳缆油或机油等，其目的是用于改善柔软度，并提高润滑、抗水、抗腐等性能。此外，将由末道延展机输出的 2～3 根麻条经过 2～3 道并条机的并合、梳理，喂入卧式翼锭细纱机纺成纱。

三、制绳和织布工艺

由于剑麻和蕉麻纤维的粗、短、硬，只能用于制绳、索、缆，少部分可用于织制麻袋等包装材料以及织制铺地织物。

1. 制绳工艺

该工艺是根据不同的产品规格和用途，将数根或数十根细纱经卧式制股线机（又称股线搓绳机），合股加捻成各种规格的股绳。有些特殊用途和要求的绳索还要求在股线中夹入钢丝绳作为绳芯，以增加其断裂强度，再以 3 根或 3 根以上的股绳经卧式制绳机合股并加捻成各种粗细不同的绳、索、缆；也有的采用重型编绳机编制多股花式编织索或缆。

2. 织制包装材料工艺

该工艺与黄麻织造工艺相似：将纺成的细纱络成筒，经整经机制成织轴。由于纱线较粗且强力较高，一般无需进行浆纱，由织轴直接上织机织造；纬纱则以细纱经络纬机络成空心纡子后纳入特殊的梭子，在织机上织成麻袋布或麻布。包装材料用坯布一般采用单经单纬或双经单纬的平纹组织。

3. 剑麻铺地织物的织造工艺

剑麻铺地织物是采用特殊的重型织机织制的，细纱（或加捻成双股线）络成平筒后，无需整经，可直接置于重型织机后的筒子架上使用；纡子也是制成特大的空心纡子，纳入特大梭子内作为纬纱。织成的铺地材料无需起毛，可使纤维簇立。

第六章

我国麻纺织生产现状和产品

麻类纺织品是指以麻纤维纯纺或与其他纤维混纺制成的纱线和织物，也包括各种含麻的交织物，其具有吸湿散湿快、断裂强度高、断裂伸长率小、卫生保健等优点，但弹性较差。我国麻类作物可分为两类：双子叶多年生或一年生草本类作物，其茎杆的韧皮或其中的纤维称为韧皮纤维，品种有苎麻、亚麻、大麻、黄麻、洋麻和苘麻六类；单子叶麻类作物，从其叶脉、叶鞘中获得的维管束纤维，通常称为叶纤维或硬质纤维。除上述这些麻纤维外，还有野生杂纤维，主要是胡麻（油用种和油纤两用种亚麻）和野生的罗布麻等。因此，麻织物应以原料来区分，但又由于各种麻纤维的性能各异，因而致使纺织加工的工艺、设备、产品品质及其用途也不相同，据此可归纳为采用不同的工艺设备系统以加工或纺织四种不同类别的麻织物。

第一节 我国麻纺织生产现状

随着改革开放的深入和人们环保和健康意识的提高，麻纺织行业在整个纺织行业中的比重正在逐步提升。据不完全统计，2018 年，我国共有规模以上麻纺织企业 295 家。其中，麻纤维纺前加工和纺纱企业 123 家，麻织造加工企业 168 家，麻染整精加工企业 4 家，不仅生产规模有所扩大，产能有较大增加；而且花色品种大幅度增加，在一定程度上满足了国内外市场对麻纺织产品的需求。

2018年，随着国内供给侧结构性改革的深入与推进，国民经济的运行总体平稳，而且稳中有进。在此背景下，麻纺织行业的各项主要经济指标相对稳定，主营业务收入平稳增长，利润总额大幅度提升，整个行业呈现快速回升的态势。其主要原因不仅是麻纱、麻布出口量增加，而且随着国内居民消费升级的带动，导致国内需求量增加较快。

展望未来，我国的麻纺织企业还将会受到原料成本、环保压力、劳动力成本、贸易摩擦、人民币汇率等影响，存在很多不利因素，可能会产生小幅波动。但是，国内外市场对麻纺织品的需求仍会保持相对平稳运行的势头，整个麻纺织行业的发展还是比较乐观的。值得注意的是，在相当长的一段时间内，麻纺原料是影响整个麻纺织行业发展的瓶颈，应采取各种积极和有效措施，在较短时间内解决原料问题。

第二节　苎麻纺织品

一、苎麻纱线

苎麻纱线是指采用苎麻纤维为原料纺制成的纱线。在纺纱前，须将生苎麻（原麻）先行脱胶制取其纤维（即精干麻）后，才能进行纺纱。苎麻纱的特点是具有吸湿散湿快、吸水膨胀、断裂强度高、断裂伸长率低、光泽好等特性，但纱存在刚度大、毛茸多、织造困难、织物易折皱、不耐磨，织物刺痒等，这是其不足之处，应在实际生产过程中充分发挥其优势，克服其不足。

根据苎麻纺的工艺路线，苎麻纱线可分为长麻纱、短麻纱和中长麻纱三类；按原料分类可分为纯苎麻纱和混纺纱两类；按用途分类，可分为梭织用纱、针织用纱和特种产品用纱三类。本节主要按照原料的分类进行介绍。

（一）纯苎麻纱

纯苎麻纱是指采用脱胶后的精干麻为原料纺制的细纱。目前，国内的苎麻纱细度范围为333.3～8.33tex（3～120公支），大宗产品品种可分为三类。

① 高特纱（粗支纱）细度为133.3～105.3tex（7.5～9.5公支），主要用于缝纫线和水龙带等用纱。

② 中特纱（中支纱）细度为33.3～27.8tex（30～36公支），主要用于服装、装饰布、针织品、钢丝针基布、皮带尺等用纱。

③ 低特纱细度为20.8～16.7tex（48～60公支），主要用于服装、装饰布用纱。

除此之外，还有特细纱，因为需要量很少，一般用于手帕等用纱。

1. 苎麻缝纫线

苎麻缝纫线是由两根或两根以上纯苎麻长纤维纺制的纯苎麻纱并合加捻而成的多股线。一般单纱为Z捻，股线为S捻；具有坚实耐拉、断裂强度高、断裂伸长率低、着水膨胀、湿强大于干强、吸湿放湿快、耐腐耐霉等特点。主要用于皮鞋和皮革制品，篷帆类，枪炮衣，坦克和飞机罩等的缝纫用线。其分为手工缝纫线和机器缝纫线两种，后者对纱线的强力、条干均匀度和纱线接头等要求较高。

组成苎麻缝纫线的单纱细度，绝大多数为105.3tex（9.5公支）。未脱胶前的原麻选用按要求剔除风、病、虫斑的等外低级麻，以保证纤维强度；原麻的脱胶采用常规二煮法工艺，不需要漂白和精练。缝纫线的并合股数，按用途的不同有2～15股，而且都是采用多根单纱一次并捻的股线。对缝纫线的外观要求如下。

① 每一个包装长度内不允许有股线打结接头。

② 2～6股线允许单纱打结接头，7～11股线允许2根单纱一把打结，11股以上允许3根单纱一把打结。

③ 单纱接头用单织布结（即蚊子结），留尾长度0.4～0.8cm。

④ 在股线长度5cm截面内不允许出现两个单纱结头。

⑤ 在股线上不允许有藤捻（即单纱成圈状松弛）。

⑥ 不允许有缺股。

⑦ 无明显的多捻或少捻。

⑧ 无油污纱线。

苎麻缝纫线的成品一般采用卷绕成线团或筒子形式包装，每个包装的重量约为0.5kg。对于出口的苎麻缝纫线品质要求更高，要求各股单纱断头用黏合剂粘接，不可采用单纱结；多股并捻后还需经轻浆与刷毛处理，使纱线上的毛羽全部紧贴，条干更为光洁，并摇成绞线后逐线检查，清除外观疵点后再绕团成包。

2. 皮带尺纱

皮带尺纱是指专用于织造皮带尺的纱线。其特点是要求柔软，受力后断裂伸长率小，而且要坚实耐拉、挺整等，以确保度量的精准稳定。为此，只有采用苎麻精梳长麻纱才能满足要求。对纱线的细度要求是：纱27.8tex（36公支）；线27.8tex×2（36公支/2），断裂强力大于14.7N。有时为了进一步降低断裂伸长率和提高耐拉强度，在织带时可在经纱中夹入若干根铜丝，但在产品吊牌上应予标明，以免在应用于电气工程时因为导电而发生意外事故。

3. 水龙带纱

由于苎麻纱能耐受较高的水压而渗水量又较少，故苎麻纱特别适宜于织制水龙带，但纱线的捻度选择至为重要，既要保持强度高，又要保持纱线松软。采用较低的捻度会有利于膨胀后防渗水。水龙带一般采用苎麻纱线织制，经向细度为133.3tex×3（7.5公支/3），纬向细度为133.3tex×12（7.5公支/12）。织物组织为双经单纬平纹，管状结构。管口径有 38mm、50mm、65mm、78mm、89mm、102mm，也有个别在 102mm 以上的。前 6 种口径的水龙带主要用于高压输水或其他灭火液，用于消防器材；也可用于输油、农业排灌、工矿和建筑工地供水与排水，102mm 以上的口径主要用于排灌和输水。

（二）苎麻混纺纱

混纺纱是指用苎麻精干麻和其他纤维原料（如棉、毛、丝、化纤等）采用不同混纺配比、不同加工方法纺制的细纱。混纺纱的特点是可以使纤维的性能扬长避短，提高可纺性能，改善细纱的条干均匀度，扩大产品品种，充分发挥纤维的性能。混纺纱的品种有棉麻纱、涤麻纱、腈麻纱、毛麻纱、绢麻纱等。长麻混纺纱以涤麻为主，毛麻、涤毛麻、腈麻和绢麻混纺纱次之；短麻混纺纱以麻棉为主，也有少量其他混纺纱；中长麻纱则以涤麻为主。目前，混纺纱的细度范围与长麻纱相同，最细的达到 8.33tex（120 公支），主要用于梭织和针织用纱；以及用于生产服装、针织产品和装饰用布，极少用于特种工农用产品。

1.麻棉纱

麻棉纱是短麻混纺纱，系利用切段生苎麻（长约 45mm）经脱胶后与棉混纺的麻棉纱。其含麻量在 50%及以下，但由于苎麻纤维较粗，致使加捻效果不佳而导致成纱的品质指标低，条干也较差。在染整加工中，纱线的上染率和鲜艳度均不理想，而且含麻率越高，质量越差。采用长麻纺的精梳麻（短麻纤维），则成纱质量有所改善，但可纺细度仍较粗。一般常纺的大宗产品为含麻量约为 50%的 55.6tex（8 公支）麻棉纱，可作为劳动保护用品布的用纱。也有采用混纺比为麻 55%、棉 45%，以及采用麻棉混纺比为 60∶40、65∶35 等品种。细纱采用转杯纺纱或其他自由端纺纱，质量有所改善，如成纱条干均匀光洁，成布的布面丰满，手感柔软等；但成纱强度较环锭纺纱略低。

2.腈麻针织纱

腈麻针织纱是长麻混纺纱之一。利用腈纶纤维具有良好的弹性和毛型感以及手感柔软的特性，与苎麻纤维混纺能达到取长补短的效果。一般混纺比为腈纶 65%、苎麻 35%，而腈纶又有正规纤维和高收缩纤维之分。若混入高收缩腈纶，纺制 125tex×2（8 公支/2）股线时，经汽蒸膨化处理，形成膨体纱线，可用于针织 T 恤衫的手工编结用纱。这种纱线可采用长麻纺工艺纺制；也可采用中长纺工艺纺制；成纱质量前者要优于后者，但中长纺工艺有成本低的优势。

二、苎麻织物

苎麻织物是指采用苎麻纤维为原料织制而成的织物，是我国特产，也是最古老的服装用布之一，距今已有4700多年的历史。苎麻织物具有吸湿散湿快、遇水膨润、断裂强力高等特点；而且湿强高于干强，断裂伸长率极小，布身细洁、紧密，布面光洁、光泽好，手感爽挺，散热性能好，穿着透凉爽滑，出汗不贴身，凉爽舒适。其品种规格比较简单，按织物的色相区分，有原色苎麻布、漂白苎麻布、染色苎麻布和印花苎麻布四种。其中，原色苎麻织物主要用作漂白、染色和印花加工用坯。也可按使用原料的长度来区分，主要内容如下。

① 长苎麻织物，以纯苎麻纺为主，其大类产品为27.8tex×27.8tex（36公支×36公支）的平纹，斜纹或小提花织物，大多为漂白布，也有浅杂色和印花布。常用于绣花基布。

② 短苎麻织物，系利用苎麻的精梳落麻或切断成棉型长度（一般为40mm）的苎麻为原料，以混纺为主的织物，混纺比一般为麻和棉各50%，织制55.6tex×55.6tex（18公支×18公支）平纹布或斜纹布，用于缝制低档服装、牛仔裤及茶巾、餐布等。如苎麻短纤维与其他纤维混纺织制别具风格的雪花呢或其他色织布时，可用于制作外衣。

③ 中长苎麻织物，是指用切断成中长型（90～110mm）的苎麻纤维为原料，无需经精梳工艺而直接与涤纶混纺，混纺比为涤纶∶苎麻为65∶35、45∶55等，经纬纱细度为18.5tex×2（54公支/2）。织物可用于春秋外衣面料，单纱织物可用于制作夏季服装，色织效果更好，既有毛型感，又有挺爽透气的特点。中长苎麻织物还有苎麻与其他中长型纤维的混纺织物。

（一）纯苎麻织物

1. 夏布

夏布是一种历史悠久、以苎麻为原料的地方传统手工织物，因常用于夏季衣着，凉爽宜人，故名。夏布是一种用苎麻以纯手工纺织而成的平纹布、罗纹布，又名苎布、生布、麻布。我国手工夏布主要产地在江西、湖南、重庆、四川等地。江西苎麻布作为中国古代服饰的上乘面料，唐、宋时期被选为贡品。赣西的万载，所产夏布最负盛名。赣东以宜黄为最，所产夏布细而光洁。到了清末，四川的隆昌、江西的万载和湖南的浏阳夏布齐名中外。

夏布的原料以苎麻纤维为主，有的也混用一部分大麻纤维。其生产工艺过程较为简单：先将苎麻浸湿后，撕扯成较细的麻丝，经过脱胶并去除杂质；漂洗净的苎麻纤维经手工加捻纺成麻纱，再经过整理、上浆，在土木织机上交织而成为原色夏布。各地的织物组织规格极不一致，因系土纺土织，门幅宽窄不一，为40～70cm（合1.2～2.2市尺）；匹长在14～35m（合42～105市尺）之间。品种按色相区分，有原色夏布（又称皂夏布或本色夏布）、漂白夏布、染色夏布和印花夏布。漂白、染色和印花夏布均以原色夏布作为坯布，规格相同。夏布的特点是强度高、布面平整、质地坚牢、吸湿散湿快、透气散热性好，服用爽滑透凉，出汗不粘身等，是适宜老年人夏季穿着的理想面料。夏布用途广泛，按色相区分：漂白夏布用于作为夏季男女服装和蚊帐；染色夏布除用于服装外，也用于蚊帐、窗帘、台布等；印花夏布，小花纹的以制作服装为主，中型花纹图案的用于制作蚊帐、床单。按用途区分：用于工艺品类，包括台灯、屏风、门帘、团扇、折扇等；以画为主的艺术品类，大多以传统的花鸟、人物、山水为主要绘画内容；家居饰品类，包括服装、围巾、各种背包、餐垫、杯垫、笔筒、背靠等。

2. 爽丽纱

爽丽纱是纯苎麻细薄型织物的商业名称。因其具有苎麻织物的丝样光泽和挺爽感，又是用细支单纱织成的薄型织物，略呈半透明，轻薄如蝉翼，极为华丽高雅，故取名“爽丽纱”。经、纬纱都是由苎麻精梳长纤维组成的10～16.7tex（60～100公支）单纱。由于苎麻细纱毛羽多而长、断裂伸长率小、耐磨性差等原因，给织造带来一定困难，尤其是单纱织物的困难更大。过去一般采用单纱烧毛、上浆和降低织机速度等方法以利织造，但生产效率很低，产量低。爽丽纱在国际市场上属高档名贵紧俏商品，是用于制作高档衬衫、裙料、装饰用手帕和工艺抽绣制品的高级面料。

为了解决爽丽纱的织造困难，可采用未经缩醛化的水溶性维纶与苎麻长纤维混纺，用普通织造方法组成坯布后，在漂练过程中使纱布中的维纶溶除，则经、纬纱的细度变细，便可获得细薄型的爽丽纱。我国在20世纪80年代初试制成功，并投入批量生产，其投放国际市场后供不应求。

（二）苎麻混纺织物

1. 长麻混纺织物

（1）涤麻（麻涤）混纺织物

涤麻（麻涤）混纺织物是以苎麻精梳长麻与毛型涤纶短纤维混纺的纱线织制的织物。混纺比例中涤纶含量大于麻纤维的称为涤麻布，麻纤维含量大于涤纶的称为麻涤布。涤麻（麻涤）混纺后，两种纤维可以达到取长补短的效果，既保持麻织物的挺爽感，克服了易褶皱、不耐磨的缺点，又解决了涤纶回潮率低、吸湿性差的问题，使其织物成为穿用舒适、易洗快干、不用浆烫的洗可穿型高档服装面料，成为名副其实的的确良织物；也是夏令衬衫、裙料、上衣及春秋季外衣等的高档面料，深受消费者的喜爱。其大宗产品有以涤纶65%、苎麻35%混纺的涤麻布，麻涤布一般是麻55%、涤纶45%或麻60%、涤纶40%混纺，故又俗称为倒比例混纺布。

涤麻布和麻涤布的产品编号为：坯布规定用三位数表示，并冠以“TR”（涤麻）或“RT”（麻涤）代号三位数的首位表示织物品种类别，第二位、第三位数字为顺序号；首位数字 1 表示单纱平纹织物，首位数字 2 表示股线平纹织物，首位数字 3 表示单纱提花织物，首位数字 4 表示股线提花织物。涤麻混纺坯布主要品种规格如表 6-1 所示。

表 6-1 涤麻混纺坯布主要品种规格

编号	织物名称	幅宽/cm	原纱线密度/tex		密度/(根/10cm)		断裂强力(5cm×20cm)/N(kgf)		织物组织	涤麻：麻(混纺比)
			经纱	纬纱	经纱	纬纱	经向	纬向		
TR101	涤麻细布	96.5	18.5	18.5	303	286	352.8 (36)	313.6 (32)	$\frac{1}{1}$	65：35
TR102	涤麻细布	96.5	20.8	20.8	276	264	392 (40)	392 (40)	$\frac{1}{1}$	65：35
TR201	涤麻半细布	93.5	10×2	20	272	260	441 (45)	392 (40)	$\frac{1}{1}$	70：30
TR202	涤麻全线布	97	13.9×2	13.9×2	302	252	588 (60)	490 (50)	$\frac{1}{1}$	65：35
TR203	涤麻全线布	97	18.5×2	18.5×2	236	206	637 (65)	529.2 (54)	$\frac{1}{1}$	65：35
TR204	涤麻全线布	97	20.8×2	20.8×2	228	201	607.6 (62)	548.8 (56)	$\frac{1}{1}$	65：35
TR205	涤麻全线布	93.5	10×2	10×2	272	260	441 (45)	441 (45)	$\frac{1}{1}$	70：30
TR301	涤麻单纱提花布	96.5	18.5	18.5	303	286	313.6 (132)	313.6 (132)	提花	65：35
TR401	涤麻半线提花布	93.5	10×2	20	272	260	392 (40)	392 (40)	提花	70：30
TR402	涤麻全线提花布	91.5	10×2	10×2	327	300	656.6 (67)	480.2 (49)	提花	70：30

涤麻混纺坯布的印染加工系数及缩水率指标，一般规定如表 6-2 所示。

表 6-2 涤麻混纺坯布的印染加工系数及缩水率指标

产品类别	幅宽加工系数	密度加工系数		强力加工系数		缩水率/%	
		经	纬	经向	纬向	经向	纬向
本光平布	0.95	1.053	0.94	0.90	0.80	<3.5	<2.0
丝光平布	0.91	1.099	0.93	0.90	0.80	<1.5	<1.5
丝光线平布	0.92	1.087	0.93	0.90	0.80	<2.0	<1.5

根据产品标准规定，涤麻印染成品布的编号采用四位数字：首位数字表示产品的印染加工类别；其余三位数字为坯布原来的编号。同一规格的坯布按不同印染生产工艺，又可分为本光和丝光两类；印染布编号的首位数 1 表示漂白类，首位数 2 表示染色类，首位数 3 表示印花类。

现以常规的 TR101 及 TR201 两种涤麻坯布为例，其印染加工后的产品品种规格如表 6-3 所示。

表 6-3 TR101 及 TR201 两种涤麻坯布印染加工后的产品品种规格

编号	名称	原纱线密度/tex		幅宽/cm	密度/(根/10cm)		断裂强力(5cm×20cm)/N(kgf)	
		经	纬		经	纬	经向	纬向
TR1101	本光漂白涤麻混纺布	18.5	18.5	92	314	269	333.2(34)	235.2(24)
	丝光漂白涤麻混纺布	18.5	18.5	88	328	266	352.8(36)	235.2(24)
TR2101	本光染色涤麻混纺布	18.5	18.5	92	314	269	333.2(34)	235.2(24)
	丝光染色涤麻混纺布	18.5	18.5	88	328	266	352.8(36)	235.2(24)
TR3101	本光印花涤麻混纺布	18.5	18.5	92	314	269	333.2(34)	235.2(24)
	丝光印花涤麻混纺布	18.5	18.5	88	328	266	352.8(36)	235.2(24)
TR1201	本光漂白涤麻混纺布	10×2	20	89	281	244	421.4(43)	235.2(24)
	丝光漂白涤麻混纺布	10×2	20	86	291	242	431.2(44)	235.2(24)
TR2201	本光染色涤麻混纺布	10×2	20	89	281	244	421.4(43)	235.2(24)
	丝光染色涤麻混纺布	10×2	20	86	291	242	431.2(44)	294(30)

续表

编号	名称	原纱线密度/tex		幅宽/cm	密度/(根/10cm)		断裂强力(5cm×20cm)/N(kgf)	
		经	纬		经	纬	经向	纬向
TR3201	本光印花涤麻混纺布	10×2	20	89	281	244	421.4 (43)	294 (30)
	丝光印花涤麻混纺布	10×2	20	86	291	242	431.2 (44)	294 (30)

注：① 涤麻或麻涤（长麻纺）混纺织物系高档纺织品，一般要求原麻细度在 0.63tex 以下（1600 公支以上）。

② 苎麻脱胶按常规二级碱煮以外，还需增加精练或一漂一练等工艺。

③ 混用的涤纶短纤维规格常用 3.3dtex（3 旦）×（89～102mm）的毛型涤纶；也有的用 1.7tex（1.5 旦）×102mm。纤维的细度单位可以用旦（den）表示，代表纤度，常见于蚕丝和化学纤维。

④ 混合方式一般以涤纶条与苎麻精梳长纤维条按额定比例条混。

（2）涤麻派力司

涤麻派力司是一种按精梳毛织物“派力司”风格和花型设计的涤麻混纺色织物，其名称来源于英文 palace 的译名。其布面具有疏密不规则的中灰色、浅灰色、浅米色或浅棕（红棕）色夹花条纹，平纹组织织制，形成了派力司独具的色调风格，具有质地轻薄、呢面平整、弹性较好、光泽自然等特点，色泽以中灰色、浅灰色、浅米色为主。采用的苎麻纤维是精梳长纤维，涤纶为 3.3dtex（3 旦）×(89～102) mm 的毛型纤维。通常经纱为 (16.7tex×2)～(13.9tex×2)（60 公支/2～72 公支/2）股线，纬纱为 2.5～22.2tex（40～50 公支）单纱，织物定量一般在 140～160g/m^2。涤麻派力司有纱、半线和全线织物三种，其品种规格如表 6-4 所示。

表 6-4 涤麻派力司品种规格

幅宽/cm	原纱线密度/tex		密度/(根/10cm)		涤麻：麻(混纺比)
	经	纬	经	纬	
92	25	25	224	216	75：25
96.5	13.9×2	25	232	223	80：20
92	12.5×2	18.5	245	226	65：35
92	16.7×2	16.7×2	250	206	65：35

涤麻派力司的混色方法是按照产品色泽深浅要求，以有色涤纶与本白涤纶先行混合成条，再与苎麻精梳条按涤麻定额混纺比例进行条混，纺成夹花有色纱线后织造；也可采用纱线扎染方法，染成间断条纹状色纱线后织造。需要注意的是：在混条前要注意单色纤维的深浅色价差距不能太小；否则在浅色中的布面纹路会模糊不

清而失去其应有的风格。另外，苎麻纤维在脱胶时宜经漂白工序进行漂白，一般不再染色，色条由有色涤纶形成，从而在布面上产生特有的风格与韵味。

涤麻派力司既具有苎麻织物吸湿散湿快、清汗离体、手感挺爽的特点，又具有快干易洗及免烫的特点；既具有毛型织物外观色泽和平整的布面，又能改善化纤织物闷热感的优点，宜作为夏季及春末、秋初男女服装面料。

2. 苎麻短麻混纺织物

麻棉（棉麻）混纺织物系指以麻棉混纺纱为原料，经机织或针织制成的纺织品。麻棉混纺比主要有棉、麻各 50％及棉 75％、麻 25％两类。前者一般纺制 30tex（20 英支）左右棉麻混纺纱；后者可纺制 18.8tex（32 英支）混纺纱；二者均可供织制坯布，经印染加工成杂色染色布或印花布。

麻棉混纺机织产品的编号，用三位数字表示，并冠以“RC”符号，以表示麻的含量高于棉；三位数字中首位数字表示织物品种类别，第二位、第三位数字为产品顺序号；首位数字 1 表示单纱平纹织物，首位数字 2 表示股线平纹织物，首位数字 3 表示单纱斜纹织物，首位数字 4 表示股线斜纹织物。常见的麻棉混纺织物品种规格列入表 6-5 中。

表 6-5　常见的麻棉混纺机织物品种规格

编号	织物名称	幅宽/cm	原纱线密度/tex		密度/(根/10cm)		断裂强力(5cm×20cm)/N(kgf)		织物组织	麻：棉(混纺比)
			经	纬	经	纬	经向	纬向		
RC101	麻棉混纺平布	98	55.6	55.6	206	187			$\frac{1}{1}$	55：45
RC102	麻棉混纺平布	123	55.6	55.6	201	185	588(60)	539(55)	$\frac{1}{1}$	55：45
RC201	麻棉混纺细帆布	120	55.6×2	55.6×2	173	118			$\frac{1}{1}$	55：45
RC301	麻棉混纺斜纹布	98	55.6	55.6	293	184			$\frac{3}{1}$	55：45
RC302	麻棉混纺斜纹布	117	55.6	55.6	299	185	882(90)	539(55)	$\frac{2}{2}$	55：45

麻棉混纺成品布分为漂白、染色及印花三类，其染整加工系数及经密修正系数如表 6-6 所示。

表 6-6 麻棉混纺织品染整加工系数及经密修正系数

产品类别	幅宽加工系数	宽度加工系数		强力加工系数		产品设计密度/(根/10cm)	经密修正系数
		经	纬	经	纬		
本光麻(苎)/棉混纺布	0.88	1.136	0.91	0.90	0.75	200 及以下	3
丝光麻(苎)/棉混纺布	0.85	1.176	0.91	0.80	0.65	200 及以下	4

麻棉混纺的针织品，多以较细的混纺纱织成各式汗衫、翻领扣子衫等，或以 55.6tex×2（18 公支/2）麻棉混纺纱线编织成外套衫。

3.苎麻中长纤维混纺织物

涤麻（麻涤）混纺花呢是指以苎麻精梳落麻或中长型精干麻等苎麻纤维与涤纶短纤维混纺纱线制织成的中厚型织物。其产品大多数设计成隐条、明条、色织、小提花织物，经松式染整加工后具有仿毛型花呢风格，故以“花呢”命名之。织物中涤纶含量大于 50%的，称为涤麻花呢，反之则称为麻涤花呢。混纺用的苎麻纤维一般采用苎麻精梳落麻和中长型苎麻纤维（长 90～110mm）两种。混用的涤纶规格一般为 2.8～3.3dtex（2.5～3 旦）×65mm 的中长型散纤维。

一般采用小量混和方法，纺纱可在化纤中长纺纱设备或略经改造的棉纺设备上纺纱，也可在粗梳毛纺（细丝纺）设备上纺纱。采用中长纺设备可纺制 18.5～20.8tex（48～54 公支）的混纺纱。由于在纺纱各工序中麻纤维损落较多，且麻纤维的回潮率又较化纤高得多，因此在投料时必须适当增加麻纤维的投入量，以确保成品的混纺比例。织造时沿用一般棉织、色织、毛织、提花的工艺设备，股线织物可不经定捻处理。染整采用一般染整工艺即可，但必须先退浆后烧毛，且以平幅染整为宜，尤其是采用松式整理并经蒸呢处理，使其具有毛型感；同时，可避免“刺痒感”。涤麻（麻涤）混纺花呢主要品种规格如表 6-7 所示。

表 6-7 涤麻（麻涤）混纺花呢主要品种规格

名称	幅宽/cm	原纱线密度/tex		密度根/10cm		织物组织	涤：麻（混纺比）
		经	纬	经	纬		
涤麻隐条呢	92	18.5×2	37	223	206	平纹隐条	65：35
涤麻隐条呢	92	18.5×2	18.5×2	225	212	平纹隐条	65：35
涤麻明条呢	92	18.5×2	18.5×2	220	205	平纹明条	65：35
涤麻条花呢	92	18.5×2	18.5×2	228	212	平纹色织	65：35
涤麻格子花呢	91.4	18.5×2	18.5×2	242	235	色织提花	65：35
涤麻单纱布	91.4	18.5	18.5	303	286	平纹	65：35
涤麻板司呢	92	20.8×2	20.8×2	244	236	色织提花	65：35
涤麻锦花呢	92	20.8×2	20.8×2	244	236	色织提花	65：35
麻涤树皮绉	92	20.8×2	20.8×2	220.5	205	色织提花	50：50
麻涤菱花呢	92	20.8×2	20.8×2	220.5	205	色织提花	50：50
麻涤影格呢	91.4	20.8×2	20.8×2	220	197	色织提花	50：50

涤麻（麻涤）混纺花呢的外观类似毛型精纺花呢，具有苎麻织物的挺爽舒适感，又有“洗可穿”、免熨烫特点；其内在质量比一般涤黏类化纤织物有身骨，并且透气性好，无闷热感，成品缩水率为0.5%～0.8%；适宜作为春秋季男女服装面料，其单纱织物也可用于衬衫料。

三、苎麻交织织物

苎麻纱线与其他纤维的纱线相互交织的织物被称为苎麻交织织物，也被称为“麻交布”。目前所说的麻交布仅指棉与麻精梳长麻纱线的交织织物。

1.麻棉交织布

麻交布，在古代曾泛指麻纱线与其他纱线交织的布。我国最早的麻交布始于明代，当时是从破旧渔网中拆取的苎麻纱线作为纬纱，以棉纱线为经纱交织而成的。20世纪初，我国苎麻纺织开始进入工业化生产，将生苎麻脱胶后制取长纤维纺纱：以18.5tex×2（32英支/2）双股棉线为经纱，50tex（100公支）纯苎麻长麻纱为纬纱，交织成中厚型细帆布状的本白色平纹布，布面纬向突出纯麻风格，定名为“麻交布”；其可用于夏令西服面料及西裤、西短裤，曾风行一时，目前已很少见。

现在一般生产的麻交布，大多用于加工成抽绣工艺品，以外销为主。为有别于以前的麻交布品种，已改名为棉麻交织布。其产品编号规定用三位数字表示，并在首位数前冠以“R”字母代表棉麻交织布；首位数5表示单纱交织布，首位数6表示股线交织布，三位数中的第二、第三位数字为产品的顺序号。棉麻交织布主要品种规格如表6-8所示。

表6-8 棉麻交织布主要品种规格

编号	幅宽/cm	原纱线密度/tex		密度/tex		无浆干燥量/(g/m²)	断裂强力(5cm×10cm)/N(kgf)		织物组织
		棉经	麻纬	经	纬		经向	纬向	
R501	98	27.8	31.3	203	230	123	333.2(34)	588(60)	$\frac{1}{1}$平纹
R502	107	27.8	31.3	203	230	123	333.2(34)	588(60)	$\frac{1}{1}$平纹
R503	80	27.8	31.3	196	224	119	333.2(34)	588(60)	$\frac{1}{1}$平纹
R504	82.5	27.8	31.3	196	224	119	333.2(34)	588(60)	$\frac{1}{1}$平纹
R505	98	27.8	31.3	196	224	119	333.2(34)	588(60)	$\frac{1}{1}$平纹

2. 鱼冻布

鱼冻布是我国古代用桑蚕丝与苎麻纱交织的织物，又称为御冻布、鱼谏绸、鱼冻绸。据明代屈大钧所著《广东新语》记载，这种交织布起始于广东东莞一带，当时从捕鱼的破旧渔网中拆取苎麻纱（渔网原用苎麻纱编织而成）为纬线与以桑蚕丝为经纱交织而成，桑蚕丝柔软，苎麻纱坚韧，两者均有光泽；织成的布具有“色白如鱼冻，愈浣则愈白”，故名鱼冻布。

现在的鱼冻布是采用生苎麻经化学脱胶，精梳成单纤维后，取其长纤维纺成纯苎麻纱为纬纱与以绢丝为经纱进行交织。其织物主要规格如下：经纱为 5tex×2（200 公支/2）绢丝双股线，纬纱为 18.5tex（54 公支）苎麻单纱。织物的经、纬密度为 472（根/10cm）×287（根/10cm）[120（根/英寸）×73（根/英寸），1 英寸（in）=2.54cm]，织物组织为$\frac{1}{1}$平纹。布幅为 112cm（44 英寸）、137cm（54 英寸）、152.5cm（60 英寸）等。也有的采用 27.8tex（36 公支）亚麻纱交织，有的还在经向绢丝中夹入一根 22dtex（20 旦）桑蚕丝，以增加织物的光泽。

这种织物的纺纱工艺要求与成本均较高，又由于经向是蛋白质纤维，纬向是纤维素纤维，二者的缩水率及印染效果等都存在较大差别。因此，对于织物的染整加工前处理、印染和后整理加工工艺与技术，还有待于进一步研究与提高。

3. 苎麻交织袜

苎麻交织袜系指采用苎麻纱与其他原料交织而成的袜品，常用 28tex（36 公支）的苎麻纱和 12tex（109 旦）的锦纶长丝交织。这种袜不仅保持了麻纤维的挺括、滑爽、吸湿性强的特点，而且还增加了袜品的柔软和耐磨性。但由于麻纤维刚度大、延伸性小，致使织造难度较大。因此，适宜在低、中机号的单针袜机上编织，其织物结构以架空添纱组织、抽条组织为主；也可加入绣花添纱、横条等复合组织编织复合花式袜品，袜口形式多为拷缝橡筋口。

苎麻交织袜一般采用先染后织的工艺。苎麻纱前处理时采用烧碱为煮练剂的效果较好，也可以采用软水处理，染料通常选用活性染料或硫化染料。袜子定型一般采用湿热定型，定型的蒸汽压力为 14.7×10^4Pa，温度为 115～118℃，时间为 30s 左右，定型后需进行回性处理 24h，然后进行分等与配双、包装入库。

四、特种工业用苎麻纺织品

特种工业用苎麻纺织品主要为国防军事工业而设计，一般可分为麻线、麻带（包括麻棉交织带）和加捻苎麻绳三大类；主要用于航天、航空、军事工业，作为空降伞带、背带、手榴弹套带、炮衣、特种填充料（如舰船螺旋桨轴填料）、高强度缝线，特种编织及捆扎线等。此外，也用于如制糖工业等压滤器的过滤布等，要求高强、紧密和着水膨胀，还可用于卷烟机的卷烟带等。特种工业用纺织品的主要质量指标是断裂强度、直径和单位长度的重量。原料选择时，应主要考虑纤维的断裂强度，可忽略纤维的细度。对于脱胶工艺路线和条件，应注意减少纤维的损伤，不宜采用浓碱处理和漂白处理。

1. 特种工业用苎麻线

常见的特种工业用苎麻线品种有：222.2tex×3（45公支/3）、222.2tex×4（45公支/4）、100tex×3（10公支/3）、100tex×4（10公支/4）、100tex×5（10公支/5）、100tex×7（10公支/7）、100tex×8（10公支/8）、100tex×9（10公支/9）、66.7tex×2（15公支/2）、66.7tex×3（15公支/3）、66.7tex×4（15公支/4）、66.7tex×6（10公支/6）、66.7tex×8（15公支/8）、50tex×2（20公支/2）、50tex×3（20公支/3）、50tex×6（20公支/6）、50tex×8（20公支/8）、31tex×2（32公支/2）等。股线都是一次加捻而成，其单纱捻向为Z，股线捻向为S，本白色。

2. 麻带及麻棉交织带的主要品种和规格

麻带及麻棉交织带的主要品种和规格见表6-9。

表6-9　麻带及麻棉交织带的主要品种规格

品名	宽度/mm	断裂强度/N(kgf)	苎麻原纱细度/tex(公支)		织物组织
			经	纬	
麻棉带	15±1	＞637（＞65）	55.6×3(18/3麻)	24.7×2棉	$\frac{2}{2}$人字斜纹
麻带	18±1	＞1764（＞180）	69×2(14.5/2麻)	62.5×2(16/2麻)	$\frac{2}{2}$人字斜纹
麻带	25±1	＞1274（＞130）	69×2(14.5/2麻)	62.5(16/1麻)	$\frac{2}{2}$人字斜纹
麻棉带	30±2	＞1274（＞130）	55.6×3(18/3麻)	24.7×2棉	$\frac{2}{2}$人字斜纹
麻带	30±1	＞1666（＞170）	69×2(14.5/2麻)	62.5(16/1麻)	$\frac{2}{2}$人字斜纹
麻带	32±2	＞2254（＞230）	55.6×3(18/3麻)	55.6×3(18/3麻)	$\frac{2}{2}$人字斜纹
麻棉带	43±2	＞3430（＞350）	80×5(12.5/5麻)	33.9×6棉	$\frac{2}{2}$人字斜纹
麻棉带	50±2	＞4900（＞500）	80×5(12.5/5麻)	33.9×6棉	$\frac{2}{2}$人字斜纹

续表

品名	宽度/mm	断裂强度/N(kgf)	苎麻原纱细度/tex(公支)		织物组织
			经	纬	
麻棉带	70±2	>5880 (>600)	80×5(12.5/5 麻)	33.9×6 棉	$\frac{2}{2}$人字斜纹
麻棉带	72±2	>3920 (>400)	80×5(12.5/5 麻)	33.9×6 棉	$\frac{2}{2}$人字斜纹
麻棉带	75±2	>6370 (>650)	80×5(12.5/5 麻)	33.9×6 棉	$\frac{2}{2}$人字斜纹
厚型麻棉带	44±1	>11760 (>1200)	80×5(12.5/5 麻)	28×10 棉	三层纬重平纹

3. 加捻苎麻绳

加捻苎麻绳是专指苎麻股线中多股苎麻单纱一次加捻成1000tex以上（1公支以下）及多次加捻成666.7tex以上（1.5公支以下）的苎麻绳，供特种工业用。其主要品种规格有：222.5tex×5（4.5公支/5）、222.5tex×6（4.5公支/6）、100tex×10（10公支/10）、100tex×12（10公支/12）、66.7tex×4×3（15公支/4×3）、66.7tex×4×2×3（15公支/4×2×3）、66.7tex×4×3×3（15公支/4×3×3）等。其中，66.7tex×4×3（15公支/4×3）者最终捻向为Z，其余均为S捻。

第三节　亚麻纺织品

一、亚麻纱线

亚麻纱线是采用半脱胶的亚麻纤维束纺制的几根单纱经一次加捻成的股线，具有断裂强度高、断裂伸长率小，条干差，竹节多等特点。而竹节纱恰好成为亚麻纱线独具的特殊风格。亚麻纱最大的断裂长度可达到30km，断裂伸长率一般在2%左右。亚麻线单独使用或用于织造的不多见（主要用于缆芯线，制织外衣织物；制织特种用品，如水龙带等）。使用较多的是亚麻纱。由于亚麻纺纱的工艺较为复杂，因此亚麻纱的品种也就比较繁多，大致可分为干纺和湿纺两大系列。常规生产的有长麻干纺、湿纺的纯麻纱、混纺纱；短麻干纺、湿纺的纯麻纱、混纺纱两大类。其中，短麻纺又可分为普通短麻纺和精梳短麻纺。无论是长麻纺或是短麻纺，其细纱工艺均有三种不同的工艺，即湿纺、干纺和润纺（又称半湿纺）。

湿纺是指粗纱在细纱机上通过水槽（甚至采取粗纱先行煮练，然后在细纱机上通过水槽）进入罗拉牵伸区牵伸，加捻成细纱；干纺是指采用粗纱直接纺制细纱；润纺是指干粗纱经牵伸区，在前罗拉处以润湿辊给湿，并加捻成细纱。

亚麻纤维束是亚麻原茎经浸渍使之半脱胶，干燥后再经碎茎和打麻后取得，制得成把理顺的纤维称为打成麻。它是靠半脱胶后的残存胶质使其纤维仍部分粘连的把状纤维束，即为亚麻纺的主要原料。打成麻的麻把长度为500～800mm，纤维分裂度为2～2.5tex。随打麻落下的短麻称为打成短麻（俗称二粗）。打成麻经栉梳工序用栉梳梳理成平行伸直的纤维称为梳成长麻，简称长麻；被栉梳梳下的短而乱的麻称为栉梳短麻，简称短麻。亚麻纺各类工艺如下。

(1) 长麻纺

梳成麻$\xrightarrow{\text{人工每把铺喂}}$成条→并条(1)→并条(2)→并条(3)→并条(4)→粗纱→细纱→亚麻长麻纱

(2) 普梳短麻纺

短麻→混麻→初梳→联合梳麻→并条(1)→并条(2)→并条(3)→粗纱→细纱→亚麻短麻纱

(3) 精梳短混纺

短麻→混麻→初梳→联合梳麻→并条→再割→精梳→并条(1)→并条(2)→并条(3)→粗纱→细纱→亚麻精梳短麻纱

为了使织造工序顺利进行，并减轻成布后的漂染整工序的负担，用于织制生活用细布的亚麻纱大多需要经过煮练或漂白。但亚麻纱较难漂白，按传统的漂白工艺需要漂白四次才能达到全白要求。每漂白一次纱的白度为四分之一白度（或四分之一漂），通常织造漂白布用二分之一白度亚麻纱，亚麻原色布则用煮练纱织制。各类亚麻纱多用于制织各类机织、编织、针织织物，极少用于包装绳、绞包线和缆芯线等。

（一）亚麻纯麻纱

亚麻纯麻纱可以用栉梳长麻和短麻为原料纺制而成。采用栉梳长麻为原料的称为亚麻长麻纱，用栉梳短麻及各种可用短麻为原料的称为亚麻短麻纱。短麻纱中经精梳工艺加工的则称为精梳亚麻短麻纱。纯麻纺纱时采用湿加工的，不论以长麻、短麻为原料，统称为亚麻湿纺纱，对粗纱进行练漂加工的则称为亚麻练漂纱。另外，对不做任何加工的亚麻纱称为亚麻原色纱，对原纱进行酸洗加工的称为亚麻酸洗纱等。在我国纯亚麻纱的规格系列有：285.7～27.8tex（3.5～36公支）等共有56种规格，但常见批量生产的亚麻纯麻纱有285.7tex（3.5公支）、100tex（10公支）、83.3tex（12公支）、77tex（13公支）、55.5tex（18公支）、52.6tex（19公支）、45.5tex（22公支）及42tex（24公支）等10余种。

1.亚麻长麻纱

亚麻长麻纱系指由梳成长麻纺制的纱。其纺纱工艺流程为：成条→并条（4～5道）→粗纱→细纱。细纱有三种形式：湿纺、干纺和润纺。细纱具有条干均匀、强度高、湿强大于干强等特点。亚麻长麻是打成麻中品质最优的纤维，纺纱的线密度可达 14～16tex（71～63 公支），一般纺 30～50tex（33～20 公支）。大多用于制织生活用细布。由于亚麻纤维长麻纱强度高，耐气候牢度好。因此，也有少数用于制织高档工业用布，纱的线密度为100～200tex（10～5 公支）。

2.亚麻精梳短麻纱

亚麻精梳短麻纱系指采用栉梳短麻为原料，在前纺工序中增加一道精梳工序纺制成的纱。通常可纺制 50～100tex（20～10 公支）纱。其纺纱工艺流程为：短麻经混麻→梳麻→并条→再割→精梳→并条→粗纱→细纱。精梳短麻纱内纤维排列等条件与长麻纱相似，条干均匀，麻粒子少，外观与长麻纱接近，但成纱强力要比长麻纱低。

在纺纱工艺流程中，精梳采用毛纺直型精梳机。由于亚麻短麻的长度不均匀，超过 200mm 的长纤维不适应毛纺精梳机的要求。所以，在精梳前增加了一道再割工序，将过长的纤维割断。这样可使精梳后的纤维长度均匀，麻粒子与杂质少，纤维平直，改善了成纱品质。精梳后的麻条可用于毛纺针梳机进行并条。

亚麻精梳短麻纱适宜于制织服装用布和生活用布等细布类，也可用于制织生活用粗布。

3.亚麻短麻纱

亚麻短麻纱系指采用栉梳短麻纺制成的细纱。由于成纱纤维短而杂乱，含杂多，容易缠结成麻结，在纺纱过程中纤维很难得到平直，也很难充分除去杂质。因此，其存在成纱质量低、强力差、条干不匀，以及纱表面麻粒子多等问题。

亚麻短麻纱的原料除用栉梳短麻外，有时也混用一些打成短麻（二粗）。由于二粗是亚麻茎上梢部和根部的纤维，纤维长度和细度不均匀程度都较大，成纱质量较低。因此，为了提高亚麻短麻纱的质量，有时将低级打成麻经初梳机（类似梳麻机）打成短麻（俗称“降级麻”）纺制短麻纱。

短麻纱的纺纱工艺流程为：短麻经混麻→梳麻→并条（三道）→粗纱→细纱。使用的设备与长麻纺机台相似，但牵伸隔距比长麻纺要小。细纱也分为湿纺、干纺和润纺三种。亚麻短麻纱通常纺 70～300tex（14.3～3.3 公支）。适宜用于织制帆布类等粗织物，供工业用；也可用于织制生活用的擦布、地毯布和贴墙布等。

4.亚麻湿纺纱

亚麻湿纺纱系指在细纱工序用湿法牵伸纺制成的亚麻纱。湿纺纱表面光滑、毛羽少，条干均匀。纺纱用亚麻工艺纤维为单纤维由果胶等物质粘连而成，在一般条件下牵伸时，只有工艺纤维间产生移动，单纤维间是不能移动的。湿纺时，纤维在牵伸前先用热水浸透，使果胶等物质溶胀，致使单纤维间有滑动的可能。在牵伸作用下，纤维有可能分劈成较细纤维，因而可使纱纺得细而匀。另外，由于水的内聚力作用，纤维抱聚在一起加捻，使纱的表面光滑，致使纤维排列均匀、紧密，提高纱的强度。

湿纺工艺是将粗纱先行煮练或漂白，使果胶等杂质去除一部分，余下的溶胀完善，未干燥直接上湿纺机进行湿纺。亚麻湿纺纱主要用于织制生活用细布，只有少量用于织制工业用特种织物。

5. 亚麻干纺纱

亚麻干纺纱系指粗纱不经煮练或漂白直接在细纱机上采用干式牵伸纺制成的纱。它与湿纺纱比较，干纺纱毛羽多、纱蓬松、强力低。因为亚麻工艺纤维粗细相差较大，干式牵伸只能使工艺纤维产生极少量分劈，纤维细度不发生变化；加捻时，纤维间的抱合不紧密，细纤维趋向于纱的中心，粗纤维趋向于纱的周围。

亚麻干纺纱的纺纱细度比湿纺纱粗，一般可纺 80～300tex（12.5～3.3 公支）细纱；大多用于织制工业用帆布，少量用于织制装饰及擦巾类织物。

6. 亚麻润纺纱

亚麻润纺纱又称亚麻半湿纺纱，系指将亚麻粗纱在细纱工序牵伸后出前罗拉的须条，在加捻的同时用少量水润湿纺制成的纱；可使亚麻纤维在水的作用下全部伏贴在纱上，从而减少纱身的毛羽。润纺基本上是属于干纺的范畴，但成纱毛羽较干纺少。

（二）亚麻混纺纱

亚麻混纺纱系指由亚麻纤维与其他纤维采用干法或湿法混纺的纱。常见的有麻涤混纺纱、麻棉混纺纱、毛麻混纺纱和麻绢混纺纱等。

（1）麻涤混纺纱是由亚麻和涤纶为原料，在亚麻纺纱工艺设备上纺制而成的，混纺比例由企业根据不同产品要求而定。涤麻混纺纱的规格系列有 27.8～23.8tex（36～42 公支）等共 7 种规格。涤纶比例大于 50％的称为涤麻混纺纱，小于 50％的则称为麻涤混纺纱。

（2）麻棉混纺纱主要是以加工处理的棉型亚麻纤维和棉纤维，在棉纺工艺设备上纺制而成的。

（3）毛麻混纺纱主要是以加工处理的毛型亚麻纤维和羊毛混合，在毛纺工艺设备上纺制而成的。

（4）麻绢混纺纱主要是以加工处理的绢丝型亚麻纤维和绢绵混合，在绢纺工艺设备上纺制而成。

（三）亚麻异型纱

亚麻异型纱是指为织物起点缀作用而加工生产的各种花色纱线，如竹节纱、圈子纱、包芯纱等。异型纱大多为混纺纱或交并纱，由于其生产批量小，故不做详细介绍。

二、亚麻织物

亚麻织物是指以亚麻纤维为原料织制的织物，其表面具有特殊光泽，不易吸附尘埃，易洗、易烫，吸湿散湿性能较佳。亚麻织物可分为亚麻细布、亚麻帆布和工业用亚麻纺织品三大类。

亚麻织物已有很悠久的历史，曾有人在约一万年前的遗址中发现过亚麻布的标本。随着社会的进步和科学技术的快速发展，经过人们的精心探索、研究与开发，当今的亚麻织物有了很大发展，薄的如蝉翼，厚的如牛皮；加上与其他纤维的混纺以及与其他纱种交织，致使亚麻织物的品种极其丰富多彩。例如，在亚麻纱织造之前，根据织造和染整工艺要求，有的以纺成原纱（包括干纺纱和湿纺纱）直接织布的，有的将原纱进行煮练、漂白或染色处理后进行织造的。湿纺纱有时将煮、漂、染放在粗纱上进行，粗纱则不经干燥直接送往湿纺机纺纱。亚麻纤维含杂质多，漂白困难，通常要进行四次漂白。

（一）亚麻细布

亚麻细布一般泛指细特、中特亚麻纱制织的纯麻布、混纺布和交织布，所用亚麻纱常为长麻湿纺纱或精梳短麻湿纺纱。其品种较多，按其用途来区分：一类为衣着用布；二类为装饰用布和床上用布；三类为巾类用布；四类为手帕用布。

亚麻细布布面具有特殊光泽，透气性好，吸湿散湿性能好，不易吸附尘埃，易洗、易烫。用于内衣时，则穿着凉爽、舒适，吸汗后不粘身；用于外衣时，则显得洒脱、挺括、豪放、粗犷。亚麻纱强度较高，但断裂伸长率小，因此织造时紧度不宜大，可在后加工时加碱处理，使经纬向产生收缩，以增加其织物的紧度。为了改善织物的尺寸稳定性及克服易皱的缺点，一般可采用丝光处理及树脂、液氨处理，或是在原料中混入少量涤纶与之混纺。

亚麻细布绝大多数采用经纬相同特数的纱织造。坯布不经任何化学加工的，称为原色布；经酸洗加工后则称为酸洗布；经漂白加工后则称为漂白布。根据漂白程度的不同，则又分为半漂布和全漂布；经染色加工后成为染色布；经印花加工后成为印花布；如用色纱织造，便成为色织布等。亚麻织物结构一般为平纹组织，但也有隐条、隐格、人字及提花等组织。

1. 亚麻外衣用布

亚麻外衣用布系指供缝制外衣用的亚麻布，有原色、半白、漂白、染色、印花等，织物组织除平纹外，还有人字纹、隐条、隐格等。织物的用纱较粗，一般在 70tex（14.3 公支），股线则用 35tex×2（28.6 公支/2）以上，要求纱的条干均匀，麻粒子少；一般使用长麻湿纺纱或精梳短麻湿纺纱织造。如对亚麻外衣的外观风格要求粗犷，则可用 200tex（5 公支）的短麻干纺纱织造，对条干的要求则较低。亚麻纱的强度虽高，但伸长率小，要织造紧密织物有一定困难，故在织造时紧度一般不大（为 50%左右）；但可在后工序采用碱处理，使织物收缩，增加紧度。

由于织物易皱，其尺寸稳定性差，采用碱处理和树脂整理或用涤纶混纺纱制织可改善相关性能。合成纤维（涤纶）混入量一般为 20%～70%。纯麻及涤麻混纺外衣用亚麻布品种规格如表 6-10 所示。

表 6-10　纯麻及涤麻混纺外衣用亚麻布品种规格

名称	布幅/cm	布重/(g/m²)	原纱细度/tex(公支)		密度/(根/10cm)	
			经纱	纬纱	径向	纬向
纯麻漂白布	91	249	95.2(10.5)长煮	95.2(10.5)精短煮	60	138
纯麻漂白布	91	187	66.6(15)长煮	66.6(15)精短煮	174	168
纯麻漂白布	91	189	74(13.5)短煮	74(13.5)短煮	154	138
纯麻漂白布	90	95	35.7(28)长煮	27.8(36)长煮	190	180
棉麻交织漂白布	91	102	18.2 棉(32 英支)	35.7(28)长煮	220	206
棉麻交织漂白布	127	102	18.2 棉(32 英支)	25.7(39)长煮	220	206
涤麻细布	90	183	27.8×2(36/2)涤麻	50(20)涤麻	186	168
涤麻细布	90	120	27.8(36)涤麻	23.8(42)涤麻	260	238

2. 亚麻内衣用布

亚麻内衣用布系指专供用于制作内衣用的亚麻织物，因其吸湿散湿快，吸湿后衣服也不易粘身，穿着凉爽、舒适、易洗易干，易熨烫，是一种高档的内衣用布。大多采用 40tex 以下（25 公支以上）的细特纱制织，要求纱的条干均匀，麻粒子少。一般为平纹组织，紧度为 50%左右（经纬向）；也可采用棉麻交织。成品有漂白、染色，也有半漂白，所以织造采用长麻湿纺半漂纱。为了增加紧度和改善尺寸稳定性，可采用碱缩或丝光处理。因为是用于制作内衣，故很少使用树脂整理及棉涤混纺；但麻涤混纺布的质地较挺括，也可用于生产。亚麻内衣用布的品种规格如表 6-11 所示。

表 6-11 亚麻内衣用布的品种规格

布幅/cm	原纱细度/tex(公支)		密度/(根/10cm)	
	经纱	纬纱	经向	纬向
90	30(33.3)长湿半漂	30(33.3)长湿半漂	206	176
90	24(41.7)涤麻	20(50)涤麻	282	234
150	50(20)棉	55.8(18)长湿半漂	192	154

3. 柞绢、亚麻的混纺交织布

柞绢、亚麻的混纺交织布产品有两种类型。一类是经纬纱均由麻绢混纺纱织制而成，称为柞绢、亚麻混纺布，其产品规格如表 6-12 所示。

表 6-12 柞绢、亚麻混纺布产品规格

名称	幅宽/cm	原纱细度/tex(公支)		密度/(根/10cm)		混纺比/%	织物组织
		经纱	纬纱	经密	纬密		
绢细绸	87	18.5×2(54/2)	18.5×2(54/2)	363	237	柞绢 70 长麻条 30	变化
绢细呢	94	125(8)	125/8	126	85	柞绢绵 50 落麻 50	变化

另一类则是分别以亚麻纱、棉纱或绢丝各自的常规纱作为经纱，以柞绢绵与亚麻精短落麻在紬丝纺系统上纺制而成的混纺纱作为纬纱，其产品规格如表 6-13 所示。

表 6-13 柞绢、亚麻交织布产品规格

品名	幅宽/cm	原纱细度/tex(麻公支、棉英支)		密度/(根/10cm)		原料成分/%			织物组织
		经纱	纬纱	经向	纬向	绢	麻	棉	
龙滨绸	97	27.8 棉(21)	100 绢麻(10)	248	145	37	30	33	平纹
松滨绸	93	117.6 麻(8.5)	100 绢麻(10)	161	168	20	80		平纹
松花绸	103	117.6 麻(8.5)	50 柞紬丝(20)	174	157	37	63		平纹
绢麻呢	90	117.6 麻(8.5)	50 柞紬丝(20)	156	180	40	60		斜纹
龙江绸	95	74 麻(13.5)	50 柞紬丝(20)	197	201	40.7	59.3		重平
绢麻装饰绸	137	27.8×2 棉(21/2) 117.6 麻(8.5)	27.8×2 棉(21/2) 125 柞紬丝(8)	497	311	21.3	40.2	38.5	双层变化
绢麻装饰绸	142	8.3 柞绢丝(120) 62.5 柞紬丝(16)	8.3 柞紬丝(120) 83 麻(12)	478	311	73.7	26.3		双层变化

上述两类产品都具有细而不糯、糙而不粗、吸湿透气、穿着舒适、美观耐用、

大方宜人的特点。

4. 亚麻牛仔布

亚麻牛仔布是采用纯亚麻纤维为原料，纺制 27.8tex（36 公支）～117.6tex（8.5 公支）亚麻纱，并以平纹、斜纹等组织的制品。其成品经密为 133.5～236 根/10cm（34～60 根/英寸），纬密为 149.5～267.5 根/10cm（38～68 根/英寸），幅宽为 144.8～147.3cm（57～58 英寸）。经多道工序的精心制作，酵素酶处理，使其织物粗犷自然、凹凸分明、手感柔顺，滑爽、穿着凉爽、舒适；适宜用于缝制男女服装和休闲装。

5. 亚麻弹力布

亚麻弹力布是采用亚麻纱作经纱，用棉包缠 44.4dtex（40 旦）或 77.7dtex（70 旦）氨纶纱作纬纱交织而成的。其织物的经纱采用 50～200tex（5～20 公支）亚麻纱，纬纱采用 [116.6tex + 44.4dtex（77.7dtex）]～[29.2tex + 44.4dtex（77.7dtex），5 英支+40 旦（70 旦）～20 英支+40 旦（70 旦）]。织物一般采用平纹、斜纹及变化组织织造。织物经密一般为 102～236 根/10cm（26～60 根/英寸），纬密一般为 129.5～228 根/10cm（33～38 根/英寸），成品幅宽为 109.2～155cm（43～61 英寸）。织物的特点是弹力可随人体关节运动而适度伸缩，弹力好、无压迫感，穿着舒适且织物不会变形；适宜用于制作女士休闲装。

6. 亚麻竹节布

亚麻竹节布原料成分有 L55/R45、T40/R40/L20、R70/L30 等多种比例，可纺制 33.3～222.2tex（4.5～30 公支）纱，一般采用平纹、斜纹和变化组织等织造；经密为 118～267.5 根/10cm（30～68 根/英寸），纬密为 118～236 根/10cm（30～60 根/英寸），坯布幅宽为 160cm（63 英寸）。织物的特点为：竹节纱由计算机控制生产，竹节周期、节长、节粗调节灵活，布面竹节匀称；利用经向竹节、纬向竹节、经纬向全竹节的不同配置，可获得不同的独特风格；适宜于制作衬衫、休闲装、连衣裙、旗袍等。

7. 亚麻/天丝交织布

亚麻/天丝交织布系指采用亚麻与天丝交织而成的织物。亚麻纤维具有爽身、卫生、抗污、抗静电等卫生保健功能；而天丝又具有柔软悬垂、触感独特、飘逸动感、透气透湿、光泽素雅等特点，将二者交织成布，可充分体现天丝和亚麻的优点，是理想的绿色环保面料。一般可采用天丝（或亚麻与天丝混纺纱）作经纱，线密度为 31.3tex×2～33.3tex×2（30 公支/2～32 公支/2）；亚麻纱作纬纱，线密度为 71.4tex（14 公支）左右。采用平纹、斜纹、缎纹、变化组织及提花组织等织造，经密为 204.5～299 根/10cm（52～76 根/英寸）左右，纬密为 228～275.5 根/10cm（58～70 根/英寸）左右，成品幅宽为 145～160cm（57～63 英寸）。

该产品的特点是刚柔相济，既有坚挺的身骨，又有柔滑、丰满的手感，还有真丝般的光泽，适宜用于制作男女衬衫、裙衫、内衣、夹克衫、晚礼服等。

（二）亚麻帆布

亚麻帆布是亚麻的传统产品之一；是一种粗厚的亚麻布。其特点是：吸湿散湿快，吸湿后纤维与纱体膨润，布孔变小，制作帐篷布或苫布等拒水性能好；根据对产品的要求，可用长、短麻纱织造，也有以棉纱为经纱的棉麻交织帆布。成品通常不经过练漂加工，但有的需经拒水、防腐、防火等特种整理。亚麻帆布的种类很多，有帐篷布、苫布和油画布、服装衬布、亚麻地毯布等。

1. 帐篷布、苫布

因亚麻纤维具有强度高、吸湿散湿快、吸湿膨胀系数大、透气性能好的特点，故帆布适宜加工成帐篷布、苫布。因多在露天使用，所以需经防火、防腐整理，近年来已发展为防水、防腐、防霉、防火整理。防水整理使用铝盐防水剂浸渍。防腐整理使用铜盐防腐剂浸渍。防霉整理采用水杨酸衍生物或8-羟基喹啉铜浸渍。防火整理通常使用氯化石蜡浸渍。

亚麻帆布一般采用短麻干纺纱织造，高级产品则采用长麻干纺纱作经纱。经纱的线密度一般为160～180tex（6.3～5.6公支）。若是交织帆布，则采用相当线密度的棉股线（但高级帆布无交织品种），纬纱一般采用300tex（3.3公支）左右，织物组织一般为双经重平组织，使用重型织机织造。亚麻帆布品种规格如表6-14所示；常用亚麻帐篷布、苫布产品规格如表6-15所示。

表6-14 亚麻帆布品种规格

布号	布名	布幅宽/cm	布重/(g/m²)	原纱细度/tex(公支)		密度/(根/10cm)	
				经纱	纬纱	经向	纬向
401	纯亚麻帆布	74	711	167(6)短干	286(3.5)短干	228	86
402	纯亚麻帆布	74	821	200(5)长干	286(3.5)短干	216	83
404	纯亚麻帆布	72	515	125(8)长干	167(6)短干	256	98
407	纯亚麻帆布	75.5	755	181(5.5)短湿	286(3.5)短干	230	86
514	棉麻交织帆布	73	700	58.3×3 棉(10英支3/)	286(3.5)短干	223	83
517	棉麻交织帆布	72	440	36.4×3 棉(16英支/3)	286(3.5)短干	260	101

表6-15 常用亚麻帐篷布、苫布产品规格

幅宽/cm	原纱细度/tex(公支)		密度/(根/10cm)	
	经纱	纬纱	经向	纬向
73	165(6)短干	285(3.5)短干	218	86
72	36×3 棉(27.8/3)	120(8.5)短湿	260	112

2. 油画布

油画布是亚麻帆布中的一个品种，因作为制作油画的底材而得名，实际上它是一种较轻的亚麻帆布；具有强度高，不变形，易上油色等特点。

通常要求其布面平整，经纬向紧度一般为50%左右，经纬纱一般采用120～200tex（8.3～5公支）干纺纱，以平纹组织在中型织机上织造，坯布只作为干整理，以及剪毛与轧光（轻压光）等整理。亚麻油画布品种规格如表6-16所示。

表6-16 亚麻油画布品种规格

幅宽/cm	原纱细度/tex(公支)		密度/(根/10cm)	
	经纱	纬纱	经向	纬向
145	210(4.8)短干	210(4.8)短干	92	96
145	120(8.3)短干	120(8.3)短干	116	112

3. 服装衬布

服装衬布系指用于服装衣领、袖口、袋盖、胸襟、垫肩、裙裤腰、衬垫、鞋帽里衬等的亚麻服装衬布。其是一种帆布衬，以细帆布作基布，一般用于低档粗厚服装衬里，也有用于高级西服内衬。经预缩整理或树脂整理后，成品布不再收缩，抗皱免烫，软硬适度，手感柔和，缩水率小，耐洗性强，黏合效果好；有纯麻制品，也有棉麻交织制品。亚麻服装衬布常见品种规格如表6-17所示。

表6-17 亚麻服装衬布常见品种规格

幅宽/cm	原沙细度/tex(公支)		密度/(根/10cm)	
	经纱	纬纱	经向	纬向
90	70(14.5) 长湿	70(14.5) 长湿	160	155
90	85(6.9英支) 棉	120(8.3) 短干	158	124

4. 亚麻地毯布

亚麻地毯布是一种粗厚的亚麻帆布，因用于制作地毯而得名。用亚麻短麻或打成短麻（二粗）纺制的粗特干纺纱，以平纹或斜纹组织织造，边组织宽而紧，以防止使用中卷边。织物中间常嵌以红色条纹，或两边镶以红色条纹作为点缀，一般不进行起毛、簇绒等工艺整理；但也有的进行压光处理。常见规格如下。幅宽为80cm，也有90cm，经纱采用500tex×2（2公支/2）干纺短麻纱及500tex×2（2公支/2）干纺短麻染色纱；纬纱采用500tex（2公支）干纺短麻纱；经密为45根/10cm，纬密为72根/10cm。经纬纱可分别染色，也可为本色。该类地毯属于低档地毯，只用于铺垫走廊或楼道，故又称为楼道毯。

（三）工业用亚麻纺织品

这类纺织品是充分利用亚麻的特性应用于工业领域，严格来讲，也基本上属于亚麻帆布类产品；其从织机下机后，不需要进行复杂的后整理，仅施以轧光即可。

1.亚麻水龙带

亚麻水龙带是用亚麻纱制织的水龙带，也是帆布类织物之一。因为亚麻纤维断裂强度大，吸水膨胀系数大，断裂伸长率小，故由亚麻纱制织的水龙带爆破强力高，渗水量小，受压后不伸长。这种水龙带在专门织机上织成筒状织物；经、纬纱分别用长麻湿纺纱多股线及长麻干纱多股线，也有以棉线作为经纱的。常见亚麻水龙带品种规格如表 6-18 所示。

表 6-18 常见亚麻水龙带品种规格

品种	幅宽/cm	原纱线密度/tex(公支)		密度/(根/10cm)	
		经纱	纬纱	经向	纬向
5.08cm(2 英寸)	8.25	95×4(10.5/4)长湿	145×7(6.9/7)长干	200	44.5
		100×4(10/4)长湿	150×7(6.7/7)长干	243	46
6.35cm(2.5 英寸)	10.3	100×4(10/4)长湿	145×(6.9/7)长干	200	44.5
		100×4(10/4)长湿	125×2(8/2)长干	243	46

2.亚麻工业衬布

亚麻工业衬布属于亚麻帆布的一个品种，它具有高强度、低伸长率、不变形等特点，是理想的工业用衬布，可用于胶管、胶带的衬布等。常用中特长麻湿纺纱经煮练后，多用平纹及双经平纹组织织造，要求纱的表面光洁，麻粒子少，以利于粒结均匀。经、纬密度尽量以稀为好，以减少织缩。衬布在后整理加工时采用退浆酸洗工艺，在干燥拉幅中要拉足伸足，以减少断裂伸长率。常见品种规格为：幅宽90cm，经、纬纱细度为 80tex（12.5 公支）的湿纺长麻纱，其经密为 180 根/10cm，纬密为 160 根/10cm。

3.亚麻包装布

亚麻包装布是采用亚麻短麻或打成短麻（二粗麻）的干纺纱制织而成的，用于包装具有良好透气性，尤其适宜于包装易发霉的粮食等的包装，通常只有黄麻很缺而亚麻资源又很丰富的国家才有此类产品。规格举例如下：幅宽 110cm，经、纬纱的细度均为 200tex（5 公支），经密为 74 根/10cm，纬密为 78 根/10cm。

第四节　胡麻纺织品

一、胡麻纱线

胡麻纤维主要用于纺制中、高特纱及用高特纱织制中、粗厚型织物。

采用亚麻纺基本工艺路线生产的产品有：66.7tex（6 公支）、74tex（13.5 公支）、83.3tex（12 公支）及 166.7tex（6 公支）的长麻湿纺纱；166.7tex（6 公支）长麻干纺纱及 285.7tex（3.5 公支）短麻干纺纱等。这些纱都可用于织布，并无其他用途，其技术条件及质量指标均按亚麻纱的标准来要求。

采用胡麻精干麻为原料，以绢麻纺工艺技术路线纺制的干纺纱及湿纺纱，其纯麻纱的细度范围为 100～74tex（10～13.5 公支），麻涤混纺纱（麻涤混纺比分别为 50∶50、60∶40、70∶30）细度范围为 71.5～31.5tex（14～32 公支）。目前这些品种正处于市场开发阶段，其纯麻纱及麻涤混纺纱的企业指标规定可参考相关企业标准。

二、胡麻织物

1. 胡麻帐篷、苫布

胡麻织物的主要品种是帆布类产品，用于帐蓬布和苫布，但需作防水和防腐处理。纯麻帆布以长麻干纺纱为经，交织帆布则以棉线为经，纬纱均采用短麻干纺纱。胡麻帆布品种规格如表 6-19 所示。

表 6-19　胡麻帆布品种规格

织物名称	织物组织	幅宽/cm	布单位面积质量/(g/m²)	原纱细度/tex(公支)		密度/(根/10cm)	
				经纱	纬纱	经向	纬向
纯胡麻帆布	平纹	100	825	200×2(5/2)	312.5(3.2)	115	90
纯胡麻帆布	平纹	100	860	222×2(4.5/2)	312.5(3.2)	110	86
棉、胡麻交织帆布	平纹	100	704	16.2×8 棉(36 英支/8)	312.5(3.2)	153	90
棉、胡麻交织帆布	双经平纹	730	640	58.3×3 棉(10 英支/3)	285(3.5)	222	88

2. 胡麻水龙带

胡麻水龙带也是胡麻的纺织产品品种之一，其经、纬纱均采用长麻干纺纱织造，交织水龙带则以棉线作经，长麻干纺纱作纬进行织造。胡麻水龙带品种规格如表 6-20 所示。

表 6-20 胡麻水龙带品种规格

名称	规格/cm（英寸）	内径/cm	原纱细度/tex(公支)		总经根数/根	纬密/(根/10cm)
			经纱	纬纱		
纯胡麻水龙带	50.8(2 英寸)	5.1	166.6×3(6/3)	166.6×9(6/9)	298	44
纯胡麻水龙带	63.5(2.5 英寸)	6.35	166.6×3(6/3)	166.6×9(6/9)	368	44
棉、胡麻交织水龙带	50.8(2 英寸)	5.1	27.7×12 棉（21 英支/12）	166.6×9(6/9)	352	46

3. 胡麻包装布

胡麻包装布经、纬纱均采用胡麻打成麻在亚麻干纺短麻纺设备上纺制而成；经纬纱的细度均为 312.5tex（3.2 公支），经密为 46 根/10cm，纬密为 44 根/10cm，采用平纹组织制织，成布幅宽 91.4cm，产品专用于供出口的羊绒包装。

4. 胡麻、棉混纺织物

胡麻、棉混纺织物是将胡麻打成麻切断后脱胶制成棉型胡麻纤维，在棉纺设备上与棉混纺，并将混纺纱合股成线后进行织造的。常见产品规格是：53tex（11 英支）的单纱，53tex×2（11 英支/2）股线，经、纬纱均为 53tex（11 英支）。采用平纹组织织造，幅宽为 97.5～123cm，经密为 200.5 根/10cm，纬密为 185 根/10cm。也有的经、纬纱均为 53tex×2（11 英支/2），采用平纹组织织造，幅宽为 97.5～123cm。产品有本光漂白布、丝光漂白布、本光染色布及丝光染色布。

第五节 黄麻、洋麻纺织品

黄麻和洋麻虽然麻种不同，但其纤维特性极其相似。单纤维都很短，都是靠残胶使其粘连呈纤维束进行纺织，而且黄麻和洋麻的化学组成成分也基本相似。本节仅对黄麻纺织品进行介绍，不再对洋麻纺织品进行介绍。

一、黄麻纱线

用半脱胶的熟黄麻，也可用熟洋麻、熟苘麻等黄麻代用品，纯纺或混纺成的单纱和几根单纱一次加捻成的股线，统称为黄麻纱线。由于洋麻的种植适应性较强，亩产又较高故我国黄麻纺织工业原料是以洋麻为主，但其产品仍统称为黄麻纱线。黄麻纱线主要用于制造麻布、麻袋、地毯底布、帆布等黄麻织物。此外，国内还可用于电缆的防护层（将其用沥青浸渍后，包覆于电缆表面）和填充层（把黄麻布和电缆芯线卷绕在一起，使其截面呈圆形）、麻袋绞包用的绞包线；也可用于制作登山鞋，编制工艺品，如购物袋、挂毯等。

1. 黄麻电缆纱、线

我国生产的黄麻电缆纱线主要产品有 2924tex（0.34 公支）、1949tex（0.51 公支）、1462tex（0.68 公支）、625tex（1.6 公支）的电缆纱和 625text×3（1.6 公支/3）、312tex×3（3.2 公支/3）的电缆线。我国黄麻电缆纱、线的质量要求和标准都有具体的国家标准，可参阅相关黄麻电缆纱、线的技术条件、分等规定、外观疵点等规定。

2. 黄麻钢丝绳芯纱

我国生产的黄麻钢丝绳芯纱主要产品有 926tex（1.08 公支）、667tex（1.5 公支）、613tex（1.63 公支）、463tex（2.16 公支）、417tex（2.40 公支）的绳芯纱。我国黄麻钢丝绳芯纱的质量标准在国家标准中进行了明确规定。

3. 黄麻绞包麻线

我国生产的黄麻绞包线主要产品有 770tex×3（1.3 公支/3）、690tex×3（1.45 公支/3）、625tex×3（1.6 公支/3）、333tex×3（3 公支/3）的绞包麻线。这些绞包麻线的质量标准在国家标准中都有明确规定。

二、黄麻织物

黄麻织物是指以半脱胶的熟黄麻及其代用品熟洋麻为原料制成的织物。黄麻织物能大量吸收水分，且散发速度很快，透气性良好，断裂强度高，故主要用于作麻袋、麻布等包装材料和地毯的底布。由于该织物较粗厚，用于麻袋等包装材料时在贮运过程中耐摔耐掷、耐挤压、耐拖拽和耐冲（撞）击，而不易破损。在搬运使用手钩时，当拔出手钩后，麻袋上被钩出的孔洞会自行闭塞，不致发生泄漏或洒散袋内装的物资；而且用黄麻麻袋盛装的粮食等物资时，临时受潮也能很快散发，对盛装的物资能起到保护作用。但黄麻织物也有一个致命的缺点，如果长期受潮湿或是经常洗涤，则纤维间未脱尽的一部分胶质将会分散殆尽，暴露出其长度仅为 2～5mm 的单纤维性状，会失去其强度，所以黄麻织物不宜用于经常洗涤的衣着用织物。黄麻织物一般可分为黄麻麻布、黄麻麻袋和地毯底布三大类。

1. 黄麻麻布

黄麻麻布系指采用半脱胶的熟洋麻、熟黄麻为主要原料的机制麻布，也称海生布；均为单径单纬的平纹组织。坯布一般经压光机整理。黄麻麻布共有六个品种，其规格和主要用途如表 6-21 所示。

表 6-21 黄麻麻布规格和主要用途

编号		4743	4343	4339	3939	3935	3535
品名		1 号麻布	2 号麻布	3 号麻布	4 号麻布	5 号麻布	6 号麻布
组织		单经平纹	单经平纹	单经平纹	单经平纹	单经平纹	单经平纹
经纬密度/(根/10cm)	经密	47	43	43	39	39	35
	纬密	43	43	39	39	35	35
断裂强力/N(kgf)	经向	568.4 (58)	509.6 (52)	490 (50)	431.2 (44)	411.6 (42)	352.8 (36)
	纬向	529.2 (54)	509.6 (52)	450.8 (46)	431.2 (44)	372.4 (38)	352.8 (36)
公定回潮率时的质量/(g/m)		345	330	315	300	285	270
主要用途		包装毛毯，制造坐垫等	包装羽毛、兽毛、烤烟等		包装金属制品及辣椒干等土产品		包装皮棉等

注：① 我国生产的黄麻麻布幅宽均为 114cm。

② 1 号麻布最重，为 345g/m；6 号麻布最轻，为 270g/m。

③ 我国有关黄麻麻布的国家标准是 GB/T 731-2008。

2. 黄麻麻袋

黄麻麻袋系指黄麻麻袋布按照麻袋的技术条件，采用卷绕法或连锁法缝制而成的袋状纺织品。麻袋是黄麻纺织品种最大宗的产品，其品种、规格较多，以黄麻、洋麻为主要原料的机制麻袋，共有 1～6 号六个品种。黄麻麻袋技术规格与用途列入表 6-22 中。

表 6-22 黄麻麻袋技术规格与用途

编号		7135	6635	6632	6630	5728	8031
品名		1号袋	2号袋	3号袋 Ⅰ Ⅱ	4号袋	5号袋	6号袋
组织	地	双经平纹	双经平纹	双经平纹	双经平纹	双经平纹	双经斜纹
	边	加密布边	加密布边	加密布边	加密布边	紧密布边	
经纬密度/(根/10cm)	经	71	66	66	66	57	80
	纬	35	35	32	30	28	31
缝针密度/(针/10cm)	边	10	10	10	10	10	10
	口	6	6	6	6	6	6

续表

编号		7135	6635	6632		6630	5728	8031
品名		1号袋	2号袋	3号袋		4号袋	5号袋	6号袋
				Ⅰ	Ⅱ			
断裂强力/N(kgf)	经	931 (95)	882 (90)	882 (90)		833 (85)	686 (70)	1029 (105)
	纬	1078 (110)	1078 (110)	1029 (105)		931 (95)	686 (70)	882 (90)
	边	784 (80)	784 (80)	735 (75)		686 (70)	470.4 (48)	588 (60)
尺寸/cm	长	107	107	107	90	90	105	112
	宽	74	74	74	58	58	74	68
公定回潮率时的质量/(g/m)		1000	980	960	648	595	740	1000
用途		装纯碱等	装糖等物	装物		装大米	装颗粒大的物品	装颗粒小的物品

缝制麻袋的黄麻坯布一般都要经过压光机进行整理。每只麻袋都是用一块或两块麻布缝合而成。如果用两块麻布相接缝合时，其规格及经纱方向必须相同，这种缝合的麻袋通常称为接腰麻袋。缝合时，一般使用合股黄麻线或是使用质量相当的其他纱线。若缝合处不是平边时，应折边缝合。若袋口不是布边时应缝边口。缝口后应在袋角扎口，如果采用圆筒缝口法的可以不扎口。

3. 地毯底布

我国生产的地毯底布不仅历史较短，而且生产规模也较小，还没有制定统一的产品规格和标准，通常是参照麻布标准来执行。地毯底布一般用于簇绒地毯的主底布和次底布，也有的用于其他地毯的黏合底布。其经纬纱细度要求在 285.7tex 以下（3.5 公支以上），用平纹组织制织，要求织物细薄，组织结构紧密，布幅特宽，一般为 3～5m 以上。

第六节　大麻纺织品

我国利用大麻纤维作为纺织纤维生产纺织品具有悠久历史，特别是作为大众服饰的大麻纺织品已有几千年的历史；但由于大麻纤维短而粗硬，产品粗糙，加工难度较大，因此逐渐被其他各类纤维制品所取代，其用量逐渐减小。直至 20 世纪 80 年代，对于大麻纤维的利用又重新引起纺织界的重视，人们相继解决了一些生产上的难题，为大麻纺织的现代化生产奠定了基础。

一、大麻纱线

（一）纯大麻纱线

由于大麻纤维粗短，整齐度差，可纺性能也差。因此，纯麻纱的重量不匀和重量偏差都较大，外观疵点也较多；但纱的强力高，吸湿散湿性能好，并具有抗菌、防腐、防霉性能好等特点。不过通过合理优选原料，精心设计合适产品，扬长避短，采用合适的工艺路线，同样可以生产出优质产品。目前生产的纯大麻纱线主要品种有：333.3tex（3公支）、166tex（6公支）、125tex（8公支）、83.3tex（12公支）、62.5tex（16公支）、55.6tex（18公支）、41.6tex（24公支）及27.7tex（36公支）。

（二）大麻混纺纱线

大麻混纺纱线主要品种有125～14.2tex（8～70公支）的麻棉、涤麻、毛麻、涤毛麻、针织用大麻等混纺纱线。

1.麻棉混纺纱

麻棉有多种混纺比例，生产数量较大的混纺比是麻55%、棉45%，可用于纺织52.6tex（19公支）纱、55.6tex（18公支）和52tex×2（19公支/2）的线。这种纱线可充分发挥棉纤维柔软均匀的特性，提高混纺纱的条干均匀度和改善可纺性能，并有利于染色、整理、加工，适宜于加工机织服装面料、抽纱底布和横机针织衫，特别是织成各种款式的棒针衣衫等，别具风格。

2.涤麻混纺纱

涤麻混纺纱采用的混纺比例有：涤纶65%，大麻35%；涤纶55%，大麻45%；大麻55%，涤纶45%；涤纶75%，大麻25%等。根据不同的纺纱、织造的要求和织物风格的要求，纺制的纱线品种有：25tex（40公支）、22.2tex（45公支）、16.6tex（60公支）、14.2tex（70公支）和13.3tex（75公支）等。这些混纺纱不仅具有麻的风格，而且又有涤纶功能的高支纱线，是织造夏季薄型服装面料的优良原料。

3.毛麻混纺纱

由于羊毛纤维是性能优越的高档纺织原料，所以在纺制毛麻混纺纱时，应力求充分发挥羊毛纤维的优良性能，保持羊毛特有的风格。因此，混纺含麻比例以不妨碍羊毛的特性为前提条件，一般不宜超过30%。常见的用于制造粗纺呢绒的混纺纱比例有：毛60%，大麻30%，锦纶10%；用于纺织125tex（8公支）纱时，为毛70%、大麻25%、锦纶5%。毛麻混纺纱除用于制织粗纺呢绒外，也可用于制织精纺呢绒。

4. 涤毛麻混纺纱

涤毛麻混纺纱的品种，目前生产的有两种：可用混纺比为涤纶 50%、毛 35%、大麻 15%，以及涤纶 40%、毛 30%、大麻 30%，纺制 33.3～16.6tex（30～60 公支）的混纺纱。这是一种集麻的挺爽、毛的柔糯、涤纶的高强抗皱性能于一体的高档混纺纱线，适宜于织造薄型、中厚型精纺毛织物，用于制作西服、两用衫等。

5. 针织用大麻混纺纱

用于针织的大麻混纺纱，其细度为 52.6tex（19 公支），用于编织集圈男衫、集圈女衫等；也有的与一根 78dtex×2（70 旦/2）弹力双股锦纶丝、一根 311dtex（280 旦）氨纶丝织成大麻锦纶弹力袜。此外，麻、棉、氨纶抽条袜是用 33.3tex（30 公支）纯大麻纱与 28tex×2（21 英支/2）双股棉线一根、78dtex×2（70 旦/2）弹力双股锦纶丝一根织成。

二、大麻织物

（一）大麻纯麻织物

1. 纯大麻夏布

纯大麻夏布是传统手工夏布的代用品，其特点是组织结构简洁，产品透气挺爽突出，吸湿散湿快，主要用于夏季防暑排汗的衣着面料，以及抽纱底布、服装衬布、旗布等。纯大麻夏布产品主要规格如表 6-23 所示。

表 6-23　纯大麻夏布产品主要规格

序号	幅宽/cm	原纱细度/tex(公支)		密度/(根/10cm)		用途
		经纱	纬纱	经密	纬密	
1	155	83.3(12)	83.3(12)	204	220	抽纱底布
2	155	83.3(12)	83.3(12)	210	190	
3	142	83.3(12)	83.3(12)	219	206	面料、衬料
4	142	83.3(12)	83.3(12)	204	184	
5	142	83.3(12)	83.3(12)	175	148	
6	142	83.3(12)	83.3(12)	153	122	
7	149	27(37)	27.2×2(36.8/2)	140	128	旗纱布
8	35.5	55.5(18)	55.5(18)	175	148	丧葬布
9	35.5	55.5(18)	62.5(16)	175	148	
10	35.5	55.5(18)	71.4(14)	175	122	

续表

序号	幅宽/cm	原纱细度/tex(公支)		密度/(根/10cm)		用途
		经纱	纬纱	经密	纬密	
11	35.5	71.4(14)	71.4(14)	153	122	丧葬布、衬料
12	35.5	71.4(14)	83.3(12)	153	122	
13	35.5	55.5(18)	83.3(12)	175	122	
14	35.5	83.3(12)	83.3(12)	148	109	
15	35.5	83.3(12)	125(8)	148	90	

2.大麻帆布

大麻帆布是一种粗厚的纯大麻织物，有本色布和色布两类，是一种专供产业用的产品，具有防腐、防霉、防虫蛀等特性；而且其吸湿散湿快，拒水性能较好，做成包装袋后内装物品不易发生霉变。除做成包装袋外，还可作为帐篷、盖布、橡胶衬布、油画布等。大麻帆布主要产品规格如表 6-24 所示。

表 6-24 大麻帆布主要产品规格

序号	幅宽/cm	原纱细度/tex(公支)		密度/(根/10cm)		用途
		经纱	纬纱	经密	纬密	
1	155	100×2(10/2)	200(5)	130	80	篷布、袋布
2	155	100×2(10/2)	200(5)	150	90	篷布、袋布
3	160	62.5×2(16/2)	125(8)	175	124	橡胶衬布、篷布
4	160	62.5×2(16/2)	125(8)	150	90	席垫

3.舒爽呢

舒爽呢是一种纯大麻织物，是为了充分发挥大麻粗犷、高雅的特殊风格而进行独特设计的时尚服装面料。其坯布经特种整理，并经精细缝制可制成手感好、穿着挺括、透气舒适的夏季服装；也可用于制作席垫和工业箱包布等。舒爽呢主要品种规格如表 6-25 所示。

表 6-25 舒爽呢主要品种规格

序号	名称	幅宽/cm	原纱细度/tex(公支)		密度/(根/10cm)		用途
			经纱	纬纱	经密	纬密	
1	舒爽呢	155	62.5×2(16/2)	62.5×2(16/2)	150	140	服装、席垫
2	舒爽呢	155	125(8)	125(8)	102	122	箱包布
3	斜纹布	160	62.5(16)	62.5(16)	304	175	箱包布

（二）大麻混纺织物

1. 大麻、棉混纺织物

麻棉混纺纱的混纺比一般为大麻 55%、棉 45%，分别纺制成单纱和股线，采用平纹或斜纹组织织制而成。由于麻棉混纺纱手感柔软、条干均匀，织制成的织物既有棉的手感，又有麻的风格，是大众化的服装与装饰用织物。常见麻棉混纺织物主要品种规格如表 6-26 所示。

表 6-26　常见麻棉混纺织物主要品种规格

序号	名称	幅宽/cm	原纱细度/tex(公支)		密度/(根/10cm)		用途
			经纱	纬纱	经密	纬密	
1	劳动布	142	58(17)	58(17)	181	157	服装面料、装饰布
2	劳动布	150	55×2(18/2)	41×2(24/2)	138	172	
3	劳动布	142	29.4(34)	29.4(34)	208	228	
4	制服呢	142	16.6×2(60/2)	33.3(30)	241	195	

2. 涤麻布

涤麻布是指采用涤纶 65%、大麻 35% 的混纺纱织制而成，坯布经匹染或色织而成类似涤棉布的产品，其特点为吸汗不粘肤、不刺痒，易洗快干，抗皱免烫，布身挺爽，穿着舒适。由不同混纺比的纱线织成的织物具有不同的特性和风格：凡是含麻量大的则织物挺括粗犷；含麻量小的，则富有丝绸感；若再配以淡雅的色调，会给人以清新独特的感觉。主要产品有涤麻派力司、涤麻花呢等。例如，以涤纶 65%、大麻 35% 的混纺比纺制 22.2tex（45 公支）的经纬纱，用平纹组织织制的涤麻派力司，织物外观呈现夹花细纹，手感平滑挺爽，呢面平整，弹性好，色光柔和自然，深受消费者喜爱。现将涤麻布主要品种规格列入表 6-27 中。

表 6-27　涤麻布主要品种规格

序号	名称	幅宽/cm	原纱细度/tex(公支)		密度/(根/10cm)		用途
			经纱	纬纱	经密	纬密	
1	派力司	145	22.2(45)	22.2(45)	250	212	衬衣、裙料
2	旗纱	149	27.7(36)	27.7(36)	140	123	旗布
3	花呢	145	27.7×2(36/2)	27.7×2(36/2)	213	211	西服

3. 毛麻锦混纺呢绒

毛麻锦混纺呢绒是由毛麻锦混纺纱织制的粗纺呢绒类松结构织物。其特点是集麻纤维的挺括、羊毛纤维的弹性和锦纶的强力于一体，从原料上改变了原来粗纺呢绒中松结构产品没有身骨的松软形态和手感，产品既可匹染，也可色织，外观挺括，富有自然光泽和较好的弹性，抗皱、耐磨，绒面不起球，适宜用于制作春秋套装、便装、裙料、上衣等。毛麻锦混纺呢绒主要品种规格如表 6-28 所示。

表 6-28 毛麻锦粗纺呢绒主要品种规格

名称	幅宽/cm	原纱细度/tex(公支)		密度/(根/10cm)		用途
		经纱	纬纱	经密	纬密	
花呢	143	125(8)	125(8)	114	110	服装面料

4. 涤毛麻凉爽呢

涤毛麻冰爽呢是由涤纶、羊毛和大麻混纺制织的类似精纺毛织物，属于花呢类平纹结构的素色调织物。坯布可以匹染，也可以采用色纱进行色织。不同的加工工艺可生产出具有“滑挺爽”或“滑挺糯”的不同特殊风格。其特点为易洗快干，折缝免烫，穿着舒适高雅，适宜用于制作春、夏、秋、冬季的高档服装面料。常见涤毛麻精纺呢绒规格如表 6-29 所示。

表 6-29 常见涤毛麻精纺呢绒规格

序号	名称	幅宽/cm	原纱细度/tex(公支)		密度/(根/10cm)		用途
			经纱	纬纱	经密	纬密	
1	凉爽呢	152	17×2(59/2)	17×2(59/2)	252	228	春夏服装
2	凉爽呢	152	17×2(59/2)	25.6(39)	242	222	春夏服装
3	凉爽呢	144	17.8×2(56/2)	35.7(28)	222	202	春夏服装
4	中厚花呢	144	31.2×2(32/2)	40(25)	193	148	秋冬服装

（三）交织布

交织布是指采用不同的原料纺制不同细度或是不同的原料纺制相同细度的经纬纱交织而成的织物。交织的目的是为了突出产品的风格或是提高织造效率而设计的织物品种。常见大麻交织布品种规格如表 6-30 所示。

表 6-30 常见大麻交织布品种规格

序号	名称	幅宽/cm	原料成分		原纱细度/tex(公支)		密度/(根/10cm)		用途
			经纱	纬纱	经纱	纬纱	经密	纬密	
1	抽纱布	142	棉 100%	麻 55% 棉 45%	27.8(36)	31.25(32)	251	220	装饰布
2	麻丝绸	144	涤长丝	涤 65% 麻 35%	16.6(150 旦) (60)	14.2(70)	303	308	夏季服装
3	花格呢	142	棉 100%	麻 100%	18.2×4 (54/4)	41.6×2 (24/2)	226	222	服装、 箱包布

麻丝交织是采用涤长丝与涤麻混纺纱进行交织的织物。该产品轻盈飘逸，吸汗透气性能好，采用转移印花，色彩显得典雅大方，在琳琅满目的仿丝绸产品中独树一帜。花格呢是采用棉经麻纬的并纱交织的色织产品，花型变化新颖，风格粗犷豪放，适宜用于制作时装、鞋帽、箱包布、沙发套等。

(四) 针织产品

利用大麻混纺纱可生产多种针织产品，多数采用纬编圆机、横机编织，也有的采用管针钩编机编织的。它们是以线圈结构为基础编结成类似羊毛衫、腈纶衫的针织服装，并可在其上进行提花或施以绣花。由于材料是麻棉混纺纱，所以作为内衣穿着非常舒适而滑爽；若加工成供春秋季穿着的针织外衣，吸湿、保暖、透气，更显粗犷豪放的风格，成为一道亮丽的风景。代表产品有以55%麻、45%棉的52tex×2（11.2英支/2）股线在横机上加工的针织衫，深受消费者喜爱。

第七节　罗布麻纺织品

罗布麻是在20世纪中期才被开发利用的纺织纤维，一般是以野生的罗布麻纤维经脱胶后，与棉、毛及化学纤维等混纺制成纺织品。由于罗布麻纤维粗、短、硬，纯纺困难，可以罗布麻与棉各50%混纺比纺制28tex（35.7公支）和36tex（27.8公支）混纺纱，用于制织半线哔叽和平布等，经染整加工成色布、印花布等。也有用罗布麻20%左右混入羊毛中纺制混纺纱生产粗纺呢绒和精纺呢绒等。罗布麻与其他纤维混纺得到的混纺纱除可加工成呢绒、罗绢、棉麻等机织物外，也可加工成针织物。经烧毛上光后的呢绒型罗布麻服装，手感较苎麻服装柔软，吸湿透气性较佳。由罗布麻与绢丝混纺加工成的织物，集植物纤维与动物纤维于一体，织物柔软挺爽，风格独特。罗布麻与细丝、羊毛、涤纶、棉混纺后，可加工成华达呢、凡立丁、法兰绒、派力司、花呢、海军呢及罗绢等织物，风格独特，穿着舒适，是男女 夏装的优良面料。其中，特别是罗布麻与棉混纺织物，在8℃以下时的保暖性是纯棉织物的2倍，在21℃以上时的透气性是纯棉织物的25倍，在同等条件下的吸湿性是纯棉织物的5倍以上。我国于近年开发的24tex（42公支）澳毛精纺纱和18tex×2（32英支/2）的罗布麻棉精梳混纺纱编织的毛盖棉，其外表具有澳毛织物的挺括和弹性，手感柔软，保暖性好，内层具有罗布麻的滑爽、柔软、透气、吸湿等特点。罗布麻与其他纤维的混纺纱，可加工成男服、女装、童装、内衣裤、护肩、护腰、护膝、袜子、睡衣、床上用品等，是优良的医疗保健产品。除此之外，罗布麻还可以加工成装饰织物和旅游产品。

第八节 剑麻、蕉麻纺织品

剑麻又称西沙尔麻，蕉麻又称马尼拉麻；两者所制成的产品品种和工艺路线几乎完全相同。过去的产品品种单纯，其产品只有线、绳、缆。所谓绳、缆，就是人们俗称的“白棕绳”，主要用于渔业，特别是海洋渔业，因为它能耐海水侵蚀，所以常用于结渔网，网口纲以及曳索等，以及舰船的缆绳、工农业搬运中的捆扎抬运的杠棒绳索。近年来，新开发的品种主要有剑麻地毯（是指普通的铺地织物，表面不起毛，不同于地毯）、地毡、床用软垫（席梦思）中的衬垫以及贴墙纸等。

一、绳、缆

剑麻、蕉麻均可作为绳、缆的原料用来加工绳、缆。由于我国现在剑麻产量大，原料充足，故多用剑麻生产绳缆。剑麻绳、缆一般以三股绳为主，捻向为ZSZ型，即剑麻纱为Z捻；以多股纱捻成股，其捻向为S捻；又以三根股线合捻成绳、缆，其捻向为Z捻。也有四股的绳、缆。为了增加其强度及重量，还有在三股中夹钢丝的混合绳等特制增强品种。

绳、缆分为工业用和渔业用两大类。在制绳的生产过程中必须添加油类，一般采用软麻油、绳缆油或机油等。成品的含油率根据其用途的不同而不同，工业用的为（9±1）%；渔业用的为（13±1）%。绳、缆的规格是以其直径结合圆周长度来计算，一般直径为6～120mm。其中，6～10mm的主要用于捆扎；12mm以上的用于手工业、渔业、交通运输、矿山、农业和林业等。工业用剑麻绳、缆规格如表6-31所示。渔业用剑麻绳、缆规格如表6-32所示。剑麻四股绳、缆规格如表6-33所示。

表6-31 工业用剑麻绳、缆规格

规格		质量/(kg/m)	断裂强力/N(kgf)	
直径/mm	圆周/mm		西沙尔麻	剑麻
6	18.9	0.0389	3136(320)	2940(300)
8	25.2	0.0527	5390(550)	5096(520)
10	31.4	0.0750	7644(780)	7252(740)
12	37.7	0.1090	10780(1100)	10192(1040)
14	44	0.1454	14014(1430)	13230(1350)
16	50.3	0.2000	18032(1840)	17052(1740)

续表

规格		质量/(kg/m)	断裂强力/N(kgf)	
直径/mm	圆周/mm		西沙尔麻	剑麻
18	56.5	0.2454	23030(2350)	21756(2220)
20	62.8	0.3000	27930(2850)	26362(2690)
22	69.1	0.3545	32830(3350)	30968(3160)
24	75.4	0.4113	37926(3870)	35770(3650)
26	81.7	0.4772	43610(4450)	41160(4200)
28	88	0.5454	49294(5030)	46550(4750)
30	94.2	0.6295	56644(5780)	53410(5450)
32	100.5	0.7159	62328(6360)	58800(6000)
34	106.8	0.8181	69580(7100)	65660(6700)
36	113.1	0.9045	76342(7790)	72030(7350)
38	119.4	0.9886	83104(8480)	78400(8000)
40	125.7	1.1204	90160(9200)	85260(8700)
44	138.2	1.3545	105840(10800)	99960(10200)
48	150.8	1.6136	123480(12600)	116620(11900)
52	163.4	1.900	143080(14600)	135240(13800)
56	175.9	2.0409	161700(16500)	152880(15600)
60	188.5	2.1818	183260(18700)	172480(17600)
64	201.1	2.7772	204820(20900)	193060(19700)
72	226.2	3.3181	253820(25900)	239120(24400)
80	251.3	4.1772	305760(31200)	288120(29400)
88	276.5	4.6272	361620(36900)	341040(34800)
96	301.6	6.0454	424340(43300)	399840(40800)
104	326.7	7.1045	444920(45400)	419440(42800)
120	377	9.3181	517440(52800)	488040(49800)

注：以每捆 220m 为准。

表 6-32　渔业用剑麻绳、缆规格

规格		质量/(kg/m)	断裂强力/N(kgf)	
直径/mm	圆周/mm		西沙尔麻	剑麻
28	88	0.5640	42238(4130)	38220(3900)
30	94.2	0.6360	46452(4740)	43806(4470)
32	100.5	0.7410	50862(5190)	48020(4900)
34	106.8	0.8270	57134(5830)	53900(5500)

续表

规格		质量/(kg/m)	断裂强力/N(kgf)	
直径/mm	圆周/mm		西沙尔麻	剑麻
36	113.1	0.9140	62328(6360)	58800(6000)
38	119.5	1.000	68110(6950)	63700(6500)
40	125.7	1.1180	74088(7560)	69874(7130)
42	131.9	1.2230	80046(8168)	75460(7700)
44	138.2	1.400	86828(8860)	81928(8360)

注：以每捆 220m 为准。

表 6-33 剑麻四股绳、缆规格

规格		质量/(kg/m)	断裂强力/N(kgf)	规格		质量/(kg/m)	断裂强力/N(kgf)
直径/mm	圆周/mm			直径/mm	圆周/mm		
6	18.8	0.027	3626(370)	20	62.8	0.340	29400(3000)
8	25.2	0.050	7056(720)	22	69.1	0.354	31164(3180)
10	31.4	0.075	10290(1050)	24	75.4	0.409	44590(4550)
12	37.7	0.107	13916(1420)	26	81.7	0.482	51646(5270)
14	44	0.145	16660(1700)	28	88	0.550	59094(6030)
16	50.3	0.193	21266(2170)	30	94.2	0.635	59970(6030)
18	56.5	0.250	26656(2720)	32	100.5	0.695	66248(6760)

注：以每捆 220m 为准。

二、织物

1. 剑麻铺地织物

剑麻铺地织物是采用约 1000tex（1 公支）的剑麻纱或股线，在地毯织机上织制成粗重织物，其厚度一般在 3～6mm，它不同于一般地毯，表面不起簇毛，但可作为地毯铺地使用，故又有剑麻地毯之称谓。它有两个品种：一种是采用平纹或斜纹的变化组织织造，经色织起直条、斜条、方格型等效果，然后经树胶机在其背后粘贴上 1～3mm 厚的树胶，形成地毯；另一种是采用相同的织物组织，在织机上织成双层织物，不粘贴树胶而直接用于铺地。由于剑麻纤维具有耐海水侵蚀的特性，所以用其加工的剑麻铺地织物主要适宜在舰船上使用。此外，也可用于家庭的浴室、厕所乃至室内。在布幅上粘贴树胶的因限于现有设备，生产幅宽一般为 1～2m 之内，有的则在 2～3m 以上。

2. 剑麻贴墙纸

剑麻贴墙纸是一种用剑麻纤维织制的稀布贴于纸上的装饰材料，一般是将剑麻刮制后的单根丝状纤维束（约 20tex）用手工结接成纱，在织机上织制成稀布。经、纬纱的密度约为 50 根/10cm，幅宽约 91cm，具体规格根据客户订货要求而定；最后将稀布粘贴于各种颜色的纸上，便成为剑布贴墙纸。由于剑麻单根纤维束粗细极不均匀，布的稀密也不均匀，因此，将这样的稀布贴于纸上，再糊在墙上就更别具生态粗犷的风格。

3. 剑麻衬垫，门毡

利用剑麻生产过程中产生的乱纤维、短纤维、回麻、回丝等废料，以及砍去剑麻叶片后剩余的叶片根部中取得的短纤维等，混合后经梳麻机开松并制成絮状麻网。将麻网往复铺成一定硬度的麻网层，有的在铺网时喷以黏合剂，也有的在麻网层上用针刺成无纺布状，最后将其压成剑麻衬垫，并按使用要求制成一定尺寸；有的用于作为软床垫中弹簧与面料间的中层衬垫，也可用于沙发的弹簧与面料间的中层衬垫，还可用于门毡以代替棕垫。

4. 蕉布

蕉布是采用蕉麻纤维纺纱织制成的布，故名。其又被称为马尼拉麻布。蕉布经、纬采用平纹组织交织，成品结实，吸湿性良好，主要用于服装衬材料和包装材料等。

第七章

未来麻产品的创新与发展

我国麻类作物品种多，产量大，苎麻资源居世界首位，亚麻（包括胡麻）资源居世界第二位，黄麻、洋麻、大麻、罗布麻、苘麻、剑麻和蕉麻等资源都有相当大的规模和产量，为我国开发利用麻类纤维，综合利用麻类作物提供了极其丰富的资源。特别是改革开放以来，我国的麻纺产业得到了快速发展，很多麻纺织企业、高校、研究院所、商贸企业为此做出了很大贡献。例如，北京麻世纪麻业科技发展有限公司和北京麻世纪流行面料研发有限公司在麻产品的创新与发展方面已取得有目共睹的成就。

第一节　调整产品结构，开发新产品

在我国麻业生产的发展中，尽管我国具有得天独厚的原料和加工能力，但长期以来麻产品品种结构改变进展缓慢，生产技术发展不快，新工艺、新技术应用不多，致使大量麻产品单调，质量上不去，新产品少，产品档次低，从而出现产品附加值较低，市场竞争不强的局面。

为了解决这种被动局面，首先要转变经营思想，在重视国外市场的同时，要大力发展内销品种，提高产品质量，广泛开拓国内市场，要多开发适应内销的产品品种，以满足国内人民的需要，使麻产品生产得到快速发展。

为此，在苎麻生产方面，应彻底改变以 27.8tex（36 公支）纯苎麻纱和以 55.8tex（18 公支）苎麻 55%、棉 45%的麻棉混纺纱为主的产品结构；以千变万化的市场为向导，突出以最终产品为龙头，以提高产品的加工细度和深度、产品的附加值为目标，拓宽混纺产品所用纤维的范围和混纺比例，充分发挥苎麻纤维的优良性能，开发出更多的新产品，以满足国内外消费市场日益增长的消费需要。

近年来我国亚麻纺织能力虽有了较大发展，已成为世界亚麻生产大国，但因国产原料品质较差，只能生产一些中、低档产品，而且品种比较单调，尤其是产品的后处理加工能力较为落后，国际市场上仍认为我国生产的亚麻细布，用于制作内衣时显得太厚，制作外衣时又显得太薄，因此只好作装饰布使用，成为低档产品。同时，我国生产的亚麻细布几乎全供出口，国内市场需要的涤麻混纺产品供不应求，因此调整亚麻产品结构迫在眉睫。为了面向国际市场，纯亚麻细布应向低特（高支）松薄型、高档方向发展，如发展 24×24tex（42×42 公支）纯麻布甚至更细薄的织物品种，并在平细布上进行丝光整理，用于内衣服装；也可利用亚麻易皱的特性，加工成绉纹组织织物及各种泡泡纱织物。此外，有待开发的亚麻新产品还有各类纯亚麻色织布、棉 9.7tex×2（60 英支/2）×亚麻 28tex（36 公支），甚至棉 7.2tex×2（80 英支/2）×亚麻 28tex（36 公支）高档细布，采用亚麻与极小比例（10%以下）的涤纶混纺色织装饰布（如窗帘及床上用布）；也可采用亚麻与毛、绢丝及各种化纤混纺的机织产品，以及纯麻、麻棉混纺、涤麻混纺针织品。在面向国内市场方面，应满足各层次、多方面消费者的需求，大力开发纯纺及各种涤纶混纺服装用、装饰用和产业用织物，包括漂白布、色织布和装饰布等。

胡麻的性能与亚麻相似，分为纯纺和混纺，产品有纯织和交织，一般可生产粗厚织物。其开发方向应是加强对原纱进行较好的前处理，改善柔软度和手感，以加工编织成平纹组织或花纹变化组织的纯胡麻 T 恤衫、圆领衫；或是用胡麻纱与腈纶纱复并纱生产春秋衫，以胡麻、涤纶（网络丝）股线生产 T 恤衫以及胡麻纱与苎麻、棉混纺纱交并纱生产女士短衫等品种。胡麻纱的针编织物风格粗犷、挺括，穿着透湿、舒适，成为人们喜爱的时尚产品。采用各种不同混纺比例的胡麻（30%、25%、20%）与棉（70%、75%、80%）混纺可提高混纺纱的细度，加工成薄型织物或色织布。也可采用胡麻 55%、棉 45%纺制成 53tex（11 英支）混纺纱或是采用胡麻 40%、棉 40%、涤纶 20%混纺纱织制色织物。这两类混纺色织物具有新型、美观、大方、洒脱、挺括、舒适等特点，适宜于制作青年人穿着的西装及套装、套裙。还可利用胡麻的特性来纺制花式线，如用胡麻、棉和腈纶纺制双色结子线，采用双股 53tex（11 英支）的胡麻（55%）、棉（45%）混纺纱分别作芯纱和饰纱，用 37tex（16 英支）腈纶纱 1 股作固纱，各种纱分别在筒子染色机上染色后，在花式捻线机上做花，再在普通捻线机上加固制成。这种花式线采用了胡麻、棉和腈纶 3 种纤维，因而具有胡麻的挺括感、棉的柔软感和腈纶的羊毛感，由它加工制成的机编和手编针织物，颇具挺爽不贴身和透气舒适的特点，宜加工成夏季汗衫。此外，还可采用5%～15%的毛型胡麻与羊毛混纺织造海军呢、大衣呢及花呢面料等粗纺呢绒。

黄麻纤维较短，一般作为束纤维使用，其产品发展趋势是开发土工布，以纯纺或黄麻与其他纤维混纺加工地毯（如提花地毯、簇绒地毯、威尔顿地毯及平纹地毯等），用于麻纸复合水泥袋、加强型塑料制品、非织造布、凯普伦麻毯和贴墙布；还可利用黄麻（一般要经过碱处理，再进行漂白或染色）与羊毛、涤纶、腈纶、黏胶纤维等化纤混纺纱织制服装面料。国外有的用亚麻纱或苎麻纱作经、黄麻纱作纬织制，适用于热带地区的面料。还有的用棉纱线作经、黄麻纱作纬织制牛仔服面料。此外，可用染色棉纱线作经、黄麻纱作纬织制棉麻交织提花布。

大麻纺织产品的开发，存在着加工难度大，产品成本高的不利因素。在开发新产品时，必须从大麻资源的规模、性能，并结合纺织加工工艺技术和原料综合利用等基本条件和因素出发，进行统筹考虑，针对大麻纤维的特性，扬长避短，开发大麻纺织新产品，以提高产品的附加值和市场竞争力。为了提高大麻纺织产品的实际竞争能力，除了充分利用其自身的特殊优势以外，还应努力做到既要继承传统，又要积极创新；既要注重质量优先，又要实现成本降低。新产品开发的主要方向就是要摆脱现有的传统品种和技术的束缚，采用多种手段和新技术开发新产品。对于品质好的大麻纤维原料，如具有较好的可纺性能，应采用特殊的工艺技术路线，通过特殊的整理加工手段，设计、生产附加值高的创新产品。例如，近年来北京麻世纪新研发的玫瑰麤面料，不仅保留了麻纤维原有的优良性能，而且服用性能更为优良；同时，还有鲜花芬芳的香味，成为面料市场受青睐的新颖面料，得到国内外市场的普遍好评；又如纯大麻高支爽丽纱，防缩抗皱男女衬衫、T恤衫、针织内衣、高级涤毛麻凉爽呢、西服呢等，这些都是开发新产品的主流方向。对于品质较差的大麻原料，可开发符合国际市场需求的粗制产品，如纯大麻帆布，夏布、旗布和抽纱底布等。

罗布麻是一种野生植物，资源有限，而且应用和开发较晚，其新产品开发趋势与大麻相似。新产品开发时，应凭借罗布麻纤维的特点与优势，认真考虑纤维资源的获取和纺织工艺技术，向着高品质、卫生保健性、高附加值方向发展，如利用罗布麻纤维与棉、毛及化纤混纺纱织制内衣面料和针织内衣等。

第二节　扩大花色品种，提高产品附加值

在科技高速发展的今天，市场上纺织产品琳琅满目，绚丽多彩，美不胜收。随着人民生活水平的提高和审美观念的增强，人们对衣着的要求随着时代的不同而有

所变化。例如，在建国初期及更早时间，人们在选购面料或服装时，首先考虑的是经济性和实用性，然后才是审美、时尚；而现在选择的顺序是审美、时尚、实用和经济，这是在思想观念上的巨大转变。由此可见，扩大纺织品的花色品种，继续提高产品的附加值是纺织品的发展趋势，也是摆在纺织工业从业者面前的任务。

自改革开放以来，我国麻纺织业得到空前发展，品种越来越多，但人们对其要求也越来越高，主要表现在以下几个方面。

一、苎麻产品

纯苎麻纺织品应提高纺纱细度（高支）和细薄织物，或是采用纯苎麻纤维与可溶性维纶混纺成纱，织成布后进行脱维加工工艺也可获得细薄纯苎麻织物。这种织物可用来加工高档时装，夏季穿着的西装，工艺品（绣品）和装饰手帕等。还可纺制特粗纯苎麻纱，开发仿亚麻西服面料等品种。在混纺产品方面，应大力开发苎麻混纺、交捻和交织纺织品，以适应国内市场快速发展的需要。采用苎麻与棉、毛、丝、化纤混纺织制各种服装用的面料，特别是麻涤产品需要量很大，一般是含麻不超过 30%。采用长麻纺工艺纺制高支（50～60 公支）纱织制轻薄织物，可用于加工夏令服装；也可纺制 60/2～75/2 公支的股线织制花呢型织物，用于春秋季穿着的外衣、西裤、裙料等中厚型面料。此外，还可采用含量为 20%以下的苎麻纤维与毛、化纤混纺生产“三合一”等精梳和粗梳毛纺产品，采用含麻量为 25%左右的麻棉混纺交织产品；利用纯苎麻或麻与棉、毛、丝、化纤纯纺或混纺加工针织产品。

利用苎麻纤维的特性开发装饰（家用）纺织品，可用于生产床单、被罩、被褥、台巾、茶巾、餐巾、窗帘、贴墙布等，尤其是开发中厚型的窗帘、贴墙布等，目前国内外市场需求量很大，具有较大的市场和较强的竞争力。

二、亚麻产品

为了满足国际市场的需要，纯亚麻细布应向高支松薄型、高档服装面料方向发展；同时，应发展纯亚麻色织细布、纯亚麻与高支棉纱交织的高档混纺细布，以及低含量亚麻与涤纶混纺中低支装饰布，用于窗帘、床单等装饰布及床上用品织物；还应积极开发纯麻、麻棉及涤麻混纺针织品，开发采用亚麻作为“葱花”点缀的毛麻、绢麻、各类化纤与亚麻混纺的服装面料等。为了面向国内市场，应大力生产并开发各种比例的涤麻混纺服装面料，以及漂白布、色织布；在外衣面料方面应考虑含麻量较小的低支干纺纱、仿粗梳毛纺的松结构色织物等。此外，还可考虑生产与开发纯麻纺、混纺的低支纱交织的牛仔布，开发深受青年人喜爱的纯麻或混纺、交织的水洗布类面料；开发用中低支涤麻混纺纱织造的装饰用布等；开发和利用精梳短麻混纺纱和短麻干纺纱加工亚麻帆布时，还应同时充分利用亚麻低支纱及花式纱与非织造布生产复合贴墙布等。

三、胡麻产品

近年来，胡麻新产品的开发方向主要是中低支纱、中粗型织物，用于制作外衣面料，在提高产品质量的同时，努力增加花色品种，以适应市场的需求。应加强对胡麻纱的前处理研究，解决手感较粗硬的问题，改进织物组织设计以适应手工编制的要求，可生产T恤衫、圆领衫、春秋衫等针织产品；同时，利用胡麻与棉或与涤纶纺制细支纱制织色织布，以及利用胡麻、棉、腈纶纺制具有胡麻的挺括感、棉的柔软感和腈纶的羊毛感的花色结子线。采用此线进行机编或手编生产的、具有挺爽不贴身、透气舒适特点的夏季汗衫，深受青年人的喜爱。采用5%～15%的胡麻与羊毛混纺生产粗纺呢绒产品（如海军呢、大衣呢及花呢等）时，由于胡麻的存在而使其呢绒挺硬而又不失其毛料的外观；也可利用涤纶的弹性、细度以弥补胡麻的不足，并利用两者在染色性能上的差异，开发平、素织物和色织物，用于外衣面料。此外，还可采用以胡麻为主体，与羊毛、腈纶、黏胶等化纤用粗梳毛纺工艺混纺，织造松结构色织产品，用于制作春秋女套裙。总之，胡麻可纯纺，也可与棉、毛、化纤等混纺，可机织、针织、编织、交织，也可交并织，其织物同样具有亚麻织物的挺、凉、爽、透的风格特点。

四、黄麻产品

传统的黄麻产品是黄麻纱线、黄麻布、麻袋等，这是由黄麻性能所决定的。黄麻新产品的开发主要内容如下。

① 产业用或生活用黄麻产品　如用于自然环境保护和工程建设方面的土工布（有薄片状、地毯状、排水管状、网状、绳状和袋状等）；用纯黄麻纱或黄麻与其他纤维混纺生产地毯；在双层纸袋的中间复合一层黄麻纱网，再用黏结剂将它们粘接在一起制成水泥袋；将黄麻布浇注在塑料中间作为塑料的加固材料，以替代木材用于家具业如隔墙、折叠门等材料；用黄麻纤维加工成非织造布，加工成餐巾、手帕、专用过滤布和工业用毡及坐垫等；采用针刺的方法将非织造布和黄麻落麻纤维制成麻毡，用于汽车靠垫、沙发垫、床垫和吸声材料等。若经阻燃处理其可被加工成防火材料。此外，除了用非织造布制作贴墙布外，还可在均匀排列的密度为60根/10cm的312.5tex×2（3.2公支/2）黄麻双股线上，粘贴一层衬纸的贴墙布。

② 服装用面料 将黄麻纤维进行碱处理后再进行漂白和染色加工，将它与羊毛、涤纶、腈纶、黏胶纤维等混纺生产各种品种和规格的服装面料；也可用亚麻或苎麻纱作经、黄麻纱作纬织造适用于热带的服装面料，或者用棉纱或线为经、黄麻纱为纬织造牛仔服面料。用染色棉纱或线作经、黄麻纱作纬织造的黄麻交织提花织物，可用于沙发巾、沙发布、靠垫面料及挂毯等。此外，可采用经18%碱液处理过的黄麻纤维纯纺或与其他纤维混纺的纱编制蔬菜袋、购物袋等针织品。

五、大麻产品

大麻纺织产品的开发，尚存在加工难度大、产品成本高等不利因素，而且大麻纤维的性能和资源规模也直接影响到产品的发展、设计及产品性能和产品档次与竞争力等。大麻纺织品开发的主要方向应是摆脱现有产品的传统品种和技术束缚，突破单一原料、单一性能的常规思路，采用大麻纤维与棉、毛、涤纶等化纤进行混纺，可以使混纺纤维扬长避短，生产出优质产品。例如，三合一产品——涤毛麻凉爽呢的品质就是既有毛的品质、麻的风格，又有涤纶的功能，被誉为具有挺而不硬、爽而不皱、轻而不飘优良品质的高档夏令衣着面料。选用优质大麻纱线为原料时，可通过精心设计款式和精工细作，以53tex×2（棉45%/麻55%）股线用横机加工针织套衫、开衫等针织品。由于其款式新颖、时尚，穿着舒适，深受消费者的青睐。采用纯大麻纱线织造制作的帆布所制作的大麻舒爽乐凉席，具有透气性好、贴身睡着不刺痒、吸汗爽身、清凉舒适、可洗可折、坚固耐用等性能，有望产生较好的市场竞争力和经济效益。

总之，对于品质好的大麻纤维，应采用特殊的工艺技术路线，经特殊的整理加工手段，从而设计出高附加值的创新产品，如生产纯麻的高支爽丽纱以及防缩抗皱男女衬衫、T恤衫、针织内衣和高级三合一涤毛麻凉爽呢、西服呢等。对于品质较差的大麻原料，可用来加工粗制产品，如帆布、夏布、旗布、抽纱底布等。

六、罗布麻产品

对于罗布麻纺织新产品的开发，则应考虑罗布麻的优良性能；同时，也应根据罗布麻的资源和纺织工艺技术要求，向求新、求好、求美、求舒适等方向发展；采用创新设计，运用先进技术，积极开发高档纺织品以充分发挥罗布麻纤维的特殊功能，特别是所具有的医疗保健功能等。

第三节 发展加工技术，提高产品质量

大力发展麻纺织工业加工技术，是增加产品的花色品种，提高产品质量、产品附加值和市场竞争力的重要手段，也是麻纺织工业发展的趋势。由于麻类纤维的品种不同，质量和性能有较大差异，资源的多寡以及开发利用的历史不同，相互之间差异很大，因此其加工技术发展的程度也有所不同。

一、苎麻纺织技术发展动向

（一）苎麻脱胶新技术

苎麻纤维脱胶时，一直存在劳动条件差、劳动强度大、残胶率高和并丝硬条多的现象，严重影响成纱质量，在一定程度上也影响新产品的开发。据报道，有关脱胶新技术主要内容如下。

（1）生化脱胶法　其要点是先用生物酶对果胶进行分解作用，可去除苎麻纤维中70%～80%的果胶，然后再用碱煮法进行化学脱胶。这种脱胶方法可以大量减少污水和烧碱用量，以达到去除胶质、实现制取精干麻的目的。

（2）常压煮练脱胶新工艺　该工艺是将传统的高温高压圆锅麻笼叠麻煮练工艺改为常压方锅原麻悬挂工艺，使用TZ-02助剂和RZ-01油剂、煮液在方锅内产生回流。实际上，这是一种集煮、漂、练于一锅的一锅三浴法脱胶新工艺，所制得的脱胶精干麻呈平行伸直的带状。该新工艺的特点是脱胶均匀，无夹生硬条，工艺流程短，省时、省工、省料。

经过脱胶后制成的精干麻，可采用复式开纤机对于精干麻作进一步处理。该机是一种采用不同倾角的斜纹沟槽罗拉，在全浸水槽中，对脱胶精干麻进行挤压、揉搓和分扯作用；同时，用高压水进行冲洗，以替代传统脱胶工艺中的水洗和敲麻作用，可进一步除尽附着在纤维之间的残余少量胶质，使纤维得到充分分离，以达到提高纤维可纺性能的目的。

（二）纺纱新技术

目前，苎麻纺部设备还没有专用设备，都是从国外引进的一些新技术设备。这些新技术设备代表了当前纺部纺纱新技术的发展方向，如瑞士的水洗机，法国NSC公司的PB129LC精梳机、GN6-15RMC混条机、GN6-15R头道针梳机和BM-14粗纱机，意大利Delpiano厂的F-DP细纱机。这些新技术设备的共同特点是高速、高产、效率高、产品质量好，特别是细纱机采用了无级变速电机传动，按钮式

调速，数字显示，配有定长自停、自动摇车等机构，在车顶配有巡回吹揩清扫机，可随时去除飞花、尘杂，自动化程度高，是一种较为先进的细纱机型。

(三) 织造新技术

苎麻织造工艺和设备，过去一直沿用棉织工艺与设备，效果很不理想，不仅影响产品质量，而且也影响经济效益。目前国外一些先进的设备代表了苎麻织造技术新的发展方向。例如，德国 HACOBA 厂制造的 BUB800 整经机具有自调和车头显示装置、罗拉张力调节机构、断头传感器和气动制动控制器等装置。德国采尔(ZELL)厂生产的 E-SF124 浆纱机，该机车头有自动无级变速、液压浆轴加压和落轴、浆纱预选定长自停机构、车速数字显示及马罗（MAHLO）电子控制器和终端自动控制与数字显示；还可预选浆纱张力，可用按钮调节回潮率、浆槽浆温等。德国采尔（ZELL）厂生产的 AG18F 并轴机，有经纱张力自动调节装置。此外，瑞士苏尔寿（SULZER）公司制造的 pu130-WME6/10D1 型片梭织机，幅宽可达 3m，车速高达 300r/min。

(四) 染整新技术

苎麻染整新技术主要是研究新型染料，提高织物的上染率；同时，要解决织物的刺痒感和手感粗硬感，研究使用新型油剂和柔软剂。

二、亚麻纺织技术发展动向

亚麻纺织技术发展的方向主要集中在缩短原料初加工的周期，提高可纺纱支的细度，缩短纺纱工艺流程，提高产品质量和增加花式品种等方面。

(一) 亚麻原料初加工

亚麻原料初加工就是沤麻，相关国内外新技术内容主要如下。

(1) 快速沤麻法　此法就是对沤麻水全部再生，使沤麻水中的有益微生物成倍生长，并在再生液中均衡分布，这样可加速沤麻的进度，缩短沤麻时间；可由原来的 60h 缩短至 26～36h，不仅提高了设备利用率，而且还节省能源。

(2) 厌氧菌沤麻　此法是将亚麻原茎置于乏氧空气的条件下，利用氮菌、果胶菌等厌氧菌来达到沤麻的目的。采用此法得到的亚麻纤维呈灰色或奶油色，色泽均匀，而且纤维强度比温水浸渍法高，浸渍时间也缩短了一半。

(3) 立式沤麻法　该法是在亚麻原茎收获前的 3 周内，用一种名为草甘膦的化学除锈剂喷洒在亚麻的茎上，亚麻植株一星期后便会枯死。麻茎中的水分由原来的 80%降至 13%～15%，呈半脱胶状态，将麻株拔出后即可贮存并送至原料加工厂直接制取打成麻及粗麻。目前存在的问题是除锈剂难以均匀地喷洒到麻茎的稍部和根部，以致造成稍、根部脱胶不足的现象。

(4) 蒸汽法沤麻　此法是将亚麻原茎置于密闭的卧式蒸汽锅内，用0.25MPa蒸汽对麻蒸1～1.5h，利用蒸汽进行沤麻。此法生产效率高，但处理后的亚麻纤维较粗硬，而且设备投资费用较大。

(5) 酶法沤麻　此法是把亚麻放入普通的水泥沤麻池中，注入0.3%浓度的"亚麻复合酶"水（此酶主要有果胶质分解活性、纤维素分解活性和半纤维素分解活性三种）；同时，加入适量杀菌剂和表面活性剂，麻水浴比为1∶10，在恒温40℃状态下浸渍15～24h，沤麻即告完成。此法与快速沤麻法相比，制成率虽低于快速沤麻法，但纤维聚合度和纤维强度较高。

(二) 梳理方面

长麻精梳以打成麻为原料，不经栉梳，直接成条后，经过一台周期式长麻直型精梳机的梳理，将栉梳机与自动成条机联合起来使用，成为栉梳成条联合机。在该机出条处，装有加湿装置，麻条满筒后，打包、称重送入养生仓，养生24h后进入下道工序。在亚麻短麻纺纱加工中，各种短麻必须先经拆包、加湿、养生，以散纤维形式喂入下道工序。混麻加湿机集开松、除杂、混合、加湿之功能于一机，以麻包喂入，以麻卷输出，经养生后喂入联梳机。该机器优点是操作简便、效率高、麻卷质量好，不仅节约劳力，减轻劳动强度，而且给湿均匀、稳定，提高联梳机喂入原料的一致性。

(三) 纺纱方面

亚麻纺纱相关新技术主要内容如下。

(1) 将粗纱置于高温高压锅内先进行煮练，然后再进行练漂，使工艺纤维的结构更加松散；细纱机上采用皮圈牵伸，不仅提高纱线的细度，而且还提高纱线的强度，降低了约一半细纱断头率。粗纱煮练和粗纱练漂工艺，可应用于亚麻的长麻纺和短麻纺，已在国际范围内得到推广。

(2) 用麻条直接在环锭细纱机上纺纱而不经过粗纱工序，不仅提高了纺纱速度和劳动生产率，而且提高设备利用率，增加卷装容量，降低了细纱断头率。湿纺细纱机采用锭子无级变速后，因为锭子实现了大、小纱的自动变速（也可进行手动变速），从而可根据纺纱时细纱断头情况来优选最佳纺纱速度，不仅可降低细纱断头率，而且可在中纱阶段大幅度提高纺纱速度，有利于提高细纱机产量和成纱质量。

(四) 织造方面

采用剑杆和片梭等无梭织机织造，具有速度快、效率高、坏布率低、布幅宽等优点；但在织造纯亚麻织物时，要求成纱强度高。不过对于亚麻混纺织物，就不存在这一问题。

(五) 染整方面

亚麻织物不宜采用传统的绳状松式工艺，虽然采用煮布锅煮练符合亚麻纤维的加工特点，而且车速快、产量高，能适应不同的织物幅宽；但也存在一些缺点，如加工张力大，成品缩水率不易控制，织物易产生擦伤、轧痕，煮练不均匀等。因此，亚麻织物的染整宜采用平幅煮练工艺，它不存在绳状松式工艺的上述缺点，而且具有工艺流程短、操作方便等优点，并能保证产品的质量。染色时宜采用涂料染色。因为涂料染色色谱齐全，颜色鲜艳，上色率高，适合亚麻织物的染色。

三、胡麻纺织技术发展动向

胡麻纺织工艺路线至今尚未完全确定，不过未来胡麻纺织技术发展动向应该是首先确定胡麻纺纱工艺技术路线。以胡麻打成麻为原料，采用亚麻纺纱工艺路线时，由于胡麻纤维品质较差，只能对胡麻打成麻采用“降级处理”，采用亚麻短麻纺干、湿纺（包括精梳、煮练、练漂）的基本工艺路线，纺制中高特以及高特纱（即中低支纱）。也有人认为将胡麻打成麻不分长短麻统一再割后，经精梳、并条、粗纱（包括煮练、练漂）、细纱，此方案堪称是一个适合胡麻打成麻纺纱的折中方案，其可纺细度应比胡麻打成麻的“降级处理”、全部按短麻纺的可纺细度要细一些，而且制成率也要高一些。

对胡麻打成麻进行化学脱胶时，通过制取精干麻，以胡麻精干麻为原料来纺纱，则胡麻精干麻的可纺性比其他打成麻得到较大改善与提高，这是一条可行的纺纱工艺技术路线。若在该工艺路线中，增加对粗纱的煮练和练漂，其可纺细度可进一步提高。

对胡麻打成麻进行浓碱处理（即进行碱变性）后，采用以棉中长纺为主的纺纱工艺路线，可提高纺纱细度，究其原因是浓碱处理可提高纤维柔软度和抱合力。若采用高比例的涤纶与经浓碱处理的胡麻进行混纺，可较大程度地提高纺纱细度。

四、黄麻纺织技术发展动向

(一) 黄麻纤维预处理

优质黄麻纤维用软梳联合机替代软麻机进行预处理，可提高后道工序的条干均匀度和劳动生产率，并可降低劳动强度。而低级黄麻纤维则仍采用软麻机，为提高油麻的堆仓效果，将由软麻机输出的油麻，先经压缩打包成件后堆仓。采用的乳化剂可增加渗透剂的作用，这样可促进油水对纤维的渗透和软化作用，并可缩短堆仓的时间。

（二）梳并方面

头道梳理机采用高密度梳针以提高梳理质量，提高机件的通用程度，简化传动系统，使传动滚筒轴承化。其采用铝合金针板和大卷装。在二道梳麻机的输出部件加装并条头，可以提高工艺纤维的伸直平行度和麻条的条干均匀度，增加卷装容量和适应高速并条机的喂入。并条机采用链条传动以改进导板轨道；对针棒的曲拐柄采用新材料及新的热处理技术，借以提高针排的速度，并在并条机上加装毛纺自调匀整装置，以此提高麻条的均匀度。

（三）细纱方面

为提高管式锭翼的锭子转速，可采用新式皮圈牵伸装置并装有留头装置，以便于提高后道工序的劳动生产率。对于环锭细纱机而言，主要是提高锭速和牵伸倍数，扩大捻度范围，加大锭距，增加管纱容量。也可以采用自捻纺纱机，以提高成纱产质量。

（四）织造方面

在织前准备工序，英国产的JD络经机采用两只反向回转的圆盘来导纱，可提高卷绕速度。该机装有电子清纱器，可提高纱线质量。采用环锭捻线机，不仅可提高锭速，而且还增加了筒管的容量。在机织方面，目前国际上新开发的织机有Mackiexs4-A半圆形织机，意大利的Tegard剑杆织机、Tegard1001剑杆织机，以及Mackiex MLS剑杆织机、圆型织机和德国产的Dornier剑杆织机等。

五、大麻纺织技术发展动向

我国由于大麻纤维及其产品开发起步较晚，若要获得大麻纺织生产大的发展，应在工艺设计、工艺设备、产品设计等多方面加强研究与开发。

由于大麻原麻的品质和供应情况每年波动较大，因此首要的任务是优化品种、稳定种植面积、提高产量，提高原麻的品质；其次是对原麻的处理加工。大麻的化学脱胶，可利用生物工程进行大麻脱胶。其中，选择好能使大麻果胶分解的酶菌种是生物脱胶工程的关键。

根据微观结构分析，大麻纤维的结晶度、取向度较高，分子结构紧密，纤维表面粗糙；有纵向缝孔和孔洞，横向有枝节，无天然卷曲。因此，纤维性能较差，摩擦阻力大，断裂伸长率小，弹性差，致使其可纺性能较差、织造效率低。研究表明，对大麻纤维进行碱处理（浓度为100～190g/L）可使纤维结构产生一系列变化，如纤维结构发生变化，纵向发生扭曲，表面变得光滑并产生光泽，使纤维的柔软度和伸长性得到改善；从而改善可纺性，提高织造效率。

对大麻纤维进行阳离子变性处理，可使纤维带有阳电荷。采用阳离子改性的纤维与常规的同类纤维纺纱交织后，由于两种纤维的不同染色性能，可达到用匹染获得异色或图案花纹的效果，并可提高染料上色率。

根据麻类纤维超分子结构的特点，可对超低甲醛整理剂和麻类织物染色助剂进行合成方面的应用。主要是在麻类织物前处理过程中进行解晶，适当降低其结晶度；染色时，在纤维上引入带阳离子基团，能强烈吸附染料的染色增深增艳剂；后整理时，采用高反应活性整理剂，以减轻整理后强度损失，加强"洗可穿"的整理效果。同时，合成的染色助剂和超低甲醛整理剂还有协同效应（交联、接枝），促使反应迅速（几秒内完成），效果十分明显。

六、罗布麻纺织技术发展动向

罗布麻是野生植物，其形态是一种直茎（主茎）连接众多横茎（分枝）且蔓延很长的野生植物，剥取难度较大，容易损伤纤维，特别是机械剥取对纤维损伤更大。为了克服纤维差异造成的纺纱技术困难，为罗布麻产品开发和生产发展奠定基础，应着重研究罗布麻的剥取方法，设计、制造适合于罗布麻纤维剥取的机械设备，提高剥取纤维的质量。此外，应研究和开发与形态类同的天然纤维或化学纤维的混纺，改善纤维总体形态结构，提高混纺纤维的平均长度和细度整齐度；同时，还应改善纺纱性能，提高细纱质量，改进纱线功能，增加产品功能，提高产品附加值。

罗布麻具有药用和保健功能，相关产品应充分发挥这些优良性能，以此来增加附加值。除采用机织产品用于内衣裤外，还应开发针织内衣产品。据报道，采用35%的罗布麻纤维与65%的棉纤维混纺纱线加工成针织内衣产品后，具有较好的保健功能。

第四节　综合利用前景广阔

麻类作物是重要的纺织原料，也是人类最早用于制作服装的材料，在植物纤维中产量仅次于棉纤维。由于其性能独特，深受人们的喜爱。麻类作物最主要的用途是制取纤维用于纺纱织布，制作服装和服饰。麻类作物除制取纤维供纺织用，以及叶和根等供保健和医疗用之外，其余部分还可进行综合利用。因此，它的经济价值很高。

一、用于非织造布原料

麻纤维是非织造布使用的原料之一，它所具有的特性是其他纤维所没有的，特别是其在产业用纺织品中发挥了很大作用。

麻纤维品种较多，主要有苎麻、亚麻、黄麻、洋麻、苘麻、大麻、罗布麻、剑麻、蕉麻等，可分为韧皮纤维和叶纤维两大类。韧皮纤维又称茎纤维或软纤维，是从双子叶植物的茎部剥取下来的韧皮，经过适度微生物或化学脱胶成单纤维或束纤维，属于该类纤维的有苎麻、亚麻、黄麻、洋麻、大麻、罗布麻、苘麻等；叶纤维又称硬质纤维，是从由草本单子叶植物的叶片或叶鞘中获取的纤维，属于该类纤维的有剑麻、蕉麻、菠萝麻等。麻纤维的主要成分是纤维素，并含有一定数量的半纤维素，以及木质素和果胶等。麻纤维的主要特点是长度差异很大，从十几毫米到几百毫米不等，而且纤维表面光洁，抱合力差，特别是短的纤维单独成网困难，一般采用和其他纤维混合使用。各种麻纤维性能参数如表 7-1 所示。

表 7-1　各种麻纤维性能参数

	苎麻	亚麻	黄麻	洋麻	苘麻	大麻	罗布麻	剑麻	蕉麻
密度/(g/cm^3)	1.54~1.55	1.46	1.21	1.27	1.62	1.49		1.25	1.45
工艺纤维长度/cm		45~75	1003~50	100~350	100~350	100~200		60~120	150~250
工艺纤维细度/tex	0.45~0.91	1.25~2.5	2.2~5	46~7	5.6~14.3				
工艺纤维强力/(kg/g)		26	30~40		40~50	75~93		80~94	127
单纤维长度/mm	20~250	17~25	1.5~5	2~6	1.5~6	15~25	20~25	1.5~4	3~12
单纤维细度/μm	40	12~17	15~18	14~33	15~30	15~30	17~23	20~30	16~32
单纤维强度/(cN/tex)	61.6~70.4	52.8~61.6	34.3		26~36	58~68	56.8~74.5		48~63
断裂伸长率/%	2~4	2~4	3				2.5		1.9~3.9
标准回潮率/%	12	12	14	13~14		12.7	12	11.3	11.9

注：束纤维长 30cm，夹持长 20cm，质量为 1g。

麻纤维的细度差异也较大，但吸湿性和防腐性能好，刚度大，硬挺性好，强度大，湿强更大。一般用苎麻落麻制造服装衬、鞋帽衬，以及抛光材料和防水材料等。质地较粗硬的黄麻，主要是利用黄麻纺织厂的落麻纤维，通过针刺方法制造针刺地毯、针刺壁毡及毡的基布；或用黄麻细麻布为底，将落麻纤维均匀铺在其上，再进行针刺制成麻毡。这些产品主要用于汽车靠垫、沙发垫、床垫和吸声材料等。这些材料有时要进行阻燃处理，一般采用磷酸-尿素法，将黄麻落麻纤维浸入磷酸、尿素、甲醛为主要成分的浸液中，再轧去余液，进行干燥。该法工艺简单、成本低，其产品含磷量在2%以上时即可获得良好的阻燃效果；还属于一种半持久性的阻燃整理，具有一定的洗涤性，但强力损失较大。黄麻毡也可用于建筑绝热材料和可降解土工布等。黄麻非织造布还可用于餐巾、手帕、专用过滤布、工业用毡等。亚麻与棉混合可用于制造针刺非织造布衬绒、餐巾及装饰布等。而罗布麻和大麻具有天然的保健功能，其非织造布常用于织造各种保健产品。

二、用于加工复合材料

（一）麻纤维复合材料

天然纤维常用于复合材料中的填充材料或增强材料，就麻类纤维而言，用于复合材料最常见的是韧皮纤维（包括苎麻、亚麻、黄麻、洋麻、大麻、罗布麻和苘麻）和叶纤维（包括蕉麻和剑麻）。在麻纤维中都含有木质纤维，它一般来源于麻作物的木质部，木质素含量高，木质化程度高，纤维长度较短，力学指标较低。其在复合材料中的增强效果不明显，多作为填料使用。非木质纤维一般来源于植物的表皮、中柱鞘、韧皮部和叶子等部位，木质化程度低，纤维素含量高，纤维长度较长，力学指标较高。尤其是麻类的韧皮纤维，在复合材料中的增强效果明显，多作为复合材料的增强材料使用。

用于麻纤维复合材料所使用的基体树脂有热固性树脂和热塑性树脂两大类。前者主要有不饱和聚酯、环氧树脂、酚醛树脂、脲醛树脂、三聚氰胺树脂等；后者主要有聚乙烯、聚丙烯、聚氯乙烯、聚苯乙烯和ABS树脂。麻纤维除了可以增强或填充聚合物基体外，还可以作为水泥的增强材料，改善水泥和混凝土的力学性能，尤其是改善其脆性断裂性能。

目前，天然长纤维复合材料是由亚麻、苎麻、黄麻、洋麻、大麻等制成，主要用于汽车工业，尤其是高档汽车（如宝马、奥迪、奔驰等轿车）。每辆车平均使用7～10kg，用途包括内饰板、仪表盘、座位、后备箱板和消声板等。由于其成本低、强度高、重量轻和便于加工处理等，深受青睐。据报道，奔驰公司曾在其E级轿车车门上方使用了黄麻增强复合材料，从而掀起了天然纤维复合材料研究和使用的高潮。目前，奔驰A级轿车已经采用亚麻纤维/聚丙烯复合材料作为车底内饰板以取代玻璃纤维/聚丙烯复合材料；奥迪A3轿车也采用亚麻纤维/聚丙烯复合材料作为车门内饰板以取代ABS塑料。大麻复合材料除用于轿车装饰外，还可用于各种铺板、窗用异型材、隔声材料和路标，以及门用异型材等装饰用材和围栏/扶手等。

自20世纪90年代中期开始，一些汽车制造强国纷纷开始使用麻类韧皮纤维和叶纤维的复合材料来装饰轿车，原因在于这些纤维增强塑料具有以下优势：①纤维密度更低，制品可减少质量10%～30%；②力学性能和吸声性能得到提高；③加工性能得以提高，并可降低加工设备磨损；④易于成型；⑤构件的可靠性得到提高；制品性能稳定，不会发生迸裂和脆断现象，因而可降低意外事故的发生；⑥因重量轻、能耗小，因而有利于加工和使用过程中的环保。因此，自21世纪初开始，世界上一些著名轿车上的内饰都使用了麻类韧皮纤维和叶纤维复合材料。

（二）麻杆芯木塑复合材料

麻杆芯木塑复合材料采用的木粉是由麻杆芯粉碎成木粉粒而成的，其粒径一般在60目以上，最细可达到400目左右。木粉粒径越小，粒径分布也越均匀；而木粉的浸润性和分布会影响复合材料的力学性能，尤其是冲击强度。聚合物一般为聚乙烯、聚丙烯及聚氯乙烯。木塑复合材料中除主要成分为木粉和热塑性塑料外，还需要加入添加剂和偶联剂。由于木粉具有较强的吸水性且极性很强，而热塑性塑料多数为非极性的，具有疏水性，故二者之间的相容性较差，界面的黏结力很小。因此，常需使用适当的添加剂来改性聚合物和木粉的表面，以提高木粉与树脂之间的界面亲和能力，改善其加工性能及其成品的使用性能，提高木粉和聚合物之间的结合力和复合材料的力学性能。

木塑复合材料中所需的添加剂有偶联剂、增塑剂、润滑剂、着色剂、紫外稳定剂、抗菌剂、发泡剂等。偶联剂能使塑料和木粉表面之间产生强的界面结合，同时能降低木粉的吸水性，提高木粉与塑料的相容性及分散性，从而可明显提高复合材料的力学性能。常用的偶联剂主要有异氰酸盐、过氧化二异丙苯、铝酸酯、钛酸酯类、硅烷偶联剂、马来酸酐接枝聚乙烯、马来酸酐接枝聚丙烯、乙烯-丙烯酸共聚物（EAA）等。增塑剂在分子结构中含有极性和非极性两种基团，在高温剪切作用下，它能进入聚合物分子链中，通过极性基团互相吸引形成均匀稳定的体系；而其较长的非极性分子的插入减弱了聚合物分子的相互吸引，从而可改善其加工性能。

在木塑复合材料中常用来加入的增塑剂主要有邻苯二甲酸二丁酯（DBP）、邻苯二甲酸二辛酯（DOP）、癸二酸二辛酯（DOS）等。在木塑复合材料中常常需要加入润滑剂，用来改善熔体的流动性和挤出制品的表面质量。润滑剂对模具、料筒、螺杆的使用寿命，挤出机的生产能力，生产过程中的能耗，制品表面的粗糙度及型材的低温冲击性能都有一定的影响。常用的润滑剂有硬脂酸锌、亚乙基双硬脂酸酰胺（EBS）、聚酯蜡、硬脂酸、硬脂酸铅、聚乙烯蜡、石蜡、氧化聚乙烯蜡等。脱色剂在木塑复合材料生产中有着较为广泛的应用，它能使制品有均匀稳定的颜色，而且脱色缓慢。紫外稳定剂可使木塑复合材料中的聚合物不发生降解或力学性能下降。常用的有受阻胺类光稳定剂和紫外吸收剂。为了使木塑复合材料能保持良好的外观和完美的性能，常常需要加入抗菌剂。但在选择抗菌剂时需要考虑木粉的种类、添加量、复合材料使用环境中的菌类、产品的含水量等诸多因素。虽然木塑复合材料具有很多优良的性能，但由于树脂与木粉的复合，使其延展性和耐冲击性能降低，材料脆，密度也比传统木制品高近 2 倍，限制了它的广泛应用。而经过发泡后的木塑复合材料由于存在良好的泡孔结构，可钝化裂纹尖端并有效阻止裂纹的扩张，从而显著提高了材料的抗冲击性能和延展性，而且大大降低产品的密度。发泡剂种类很多，常用的化学发泡剂主要有两种：吸热型发泡剂（如碳酸氢钠）和放热型发泡剂（如偶氮二甲酰胺，AC)，二者的分解行为不同，对聚合物熔体的黏弹性和发泡形态有着不同影响。

三、加工木质陶瓷

所谓木质陶瓷是指采用木质材料的多孔性作为炭化和烧结模板，渗入反应性或非反应性物质以增强木质纤维细胞壁，加工得到的多种多孔木质复合陶瓷，又称仿生陶瓷、生态陶瓷。在木质材料陶瓷化过程中，原材料取自工业生产和生活等领域的木质废料（主要成分为纤维素、半纤维素和木质素等），麻杆是一种优质的木质材料。因此，国内外学者一直在研究利用麻杆来加工木质陶瓷。为了生产优质木质陶瓷，浸渍物的选取十分重要。浸渍物主要有气态浸渍物和液态浸渍物两大类：气态浸渍物包括气态 Si、SiO、SiH_4、B_2H_6 等；液态浸渍物包括液态熔融硅、硅树脂、液化木材、液体金属以及液态金属有机物溶液浸渍物等。

木质陶瓷的制备工艺路线有两条，主要是根据不同的原材料、浸渍熔融体以及对制品不同的要求来选定。

制备工艺主要有两类。一类是 C/C 结构的木质陶瓷制备工艺。典型的制备工艺流程为：

原料碎化→制备中密度纤维板→浸渍酚醛树脂→干燥→烧结（300～3000℃）。

木质材料→浸渍酚醛树脂→干燥→烧结（300～3000℃）。

另一类是木质复合陶瓷加工工艺，它又可分为一步法和两步法。一步法是指不经过炭化热解阶段直接浸渍（常温浸渍硅树脂)，然后烧结成型。两步法是指先经过炭化热解（炭化温度一般高于 800℃)，然后浸渍（熔融硅的渗透温度一般为 1400～1600℃；气相渗透温度一般高于 1600℃，金属有机物溶液渗透则在常温下进行)，最后烧结成型。为避免木质材料的裂纹和翘曲，升温和降温控制十分重要。典型的含碳木质复合陶瓷制备工艺如下：

木质材料→干燥（70℃，15h）→炭化热解（N_2，>800℃，1～24h）→渗熔融硅（真空，1400℃～1600℃，1h）→Si/Sic 木质复合陶瓷。

木质材料→干燥（70℃，15h）→炭化热解（N_2，>800℃，1～24h）→MeO_2 溶胶渗透

(15min)→真空干燥固化(110℃，1h)→炭化热解(N_2 或 Ar 气，1600℃，1h)→MeC/C 木质复合陶瓷(Me=Si，Ti，Zr 等，渗透固化过程可重复多次)。

木质材料→抽提低分子物质(苯、醇及其混合溶液)→木质材料改性(马来酸酐等)→硅树脂渗透→炭化热解(N_2，>800℃，1～24h)→SiOC/C 木质复合陶瓷。

木质陶瓷和木质复合陶瓷除了具有普通陶瓷材料的高比强度、比模量和高硬度外，还具有多种特殊性能，可广泛用于：①电磁屏蔽材料和电波吸收材料；②远红外线发射体、吸收体(远红外线发射特性与黑体相似，发射率约为黑体的 80%，面状木质陶瓷可作为室内暖房的热源，干燥、烹调的热源以及工业热源)；③特殊滑动部件的机械工程材料(由于木质陶瓷的低摩擦性、低损耗性和耐腐蚀性的特点，可用于汽车离合器，以及航天工程和海洋工程的机械工程材料，适用于高温腐蚀性环境中作为滑动部件和高速旋转的滑动部件)。

四、生产纸浆、纸和麻杆纸板

随着造纸工业的发展和纸张用途的不同，造纸用的纤维原料也有所不同。根据原料来源的不同，造纸用的纤维原料可分为植物纤维、动物纤维、矿物纤维和化学纤维。植物纤维中的麻杆芯、韧皮纤维和叶纤维是造纸工业的重要原料之一。随着我国工业的发展和人民生活水平的提高，对纸及纸板的需求量很大。

(一) 生产纸浆、纸

回顾历史，我国利用麻纤维造纸历史悠久。造纸技术是我国四大发明之一，在 2000 多年前，我国就开始利用大麻、亚麻等麻纤维来造纸，开启了造纸的先河。在 19 世纪以前，用来造纸的唯一原料是破衣服的布，那时候的衣服是用大麻和亚麻制成，但有时也有用棉花制作。因此，差不多所有的纸都是用大麻和亚麻纤维制成的。随着工业革命的开始，大麻和亚麻纤维已不能满足迅速增长的造纸工业的需要，人们开始研发新的技术工艺利用木材来造纸；随着木材资源的减少，人们又利用稻麦草、甘蔗渣、竹子、芦苇等非木质材料来造纸，从而促进造纸工业的大发展。

大麻纤维是生产卷烟纸、过滤纸、钞票及证券纸、高质量文件纸、手工纸的极好材料。特别要提及的是：由于大麻纸张的绿色性质，其产品开发的潜力非常大，可以用来生产食品、药品、化妆品等的包装材料。

(二) 生产麻杆纸板

采用 5%的氧化钙腐蚀麻杆碎片，生成纸浆。将生成的纸浆冲洗打浆后，再配上长纤维浆作为面料，在温度为 60℃条件下，上压榨 5min，即可生产具有良好强度和韧性的麻杆纸板，可用于生产各种类型的纸板箱。

五、生产人造纤维（再生纤维素纤维）

随着社会的进步和科学技术的发展，在人们赖以生存的衣、食、住、行四大要素中，为了解决衣、食争夺良田的矛盾，科学家发明了化学纤维，以弥补天然纤维数量的不足。但是，随着工业的发展，石油资源日益短缺，以石油为主要原料的合成纤维产量将日趋缩减，以纤维素等可再生天然资源为原料的再生纤维素纤维将越来越受到重视。麻杆是一种天然纤维，可用作原料来生产再生纤维素纤维。

（一）黏胶纤维

黏胶纤维是人类历史上第一种采用天然纤维素溶解后又再生出来的纤维，它的基本原料有棉短绒、木材、麻杆及各种富含纤维素的植物。黏胶纤维的生产一般包括以下过程：纤维素浆粕的制备；黏胶纤维纺丝溶液的制备；纺丝与纤维成型；纤维的后处理。

1.纤维素浆粕的制备

在麻杆中含有大量纤维素，但这些纤维素常与木质素、半纤维素及其他一些非纤维素杂质生长在一起。为实现纤维素的再生和生产，必须先将与纤维素共生的非纤维素杂质去掉，再将纤维素提取出来。为此，将麻杆装入40～200m^3的大蒸煮锅中，加入适当的化学药品，加热、蒸煮。常用的化学药品有烧碱或亚硫酸盐等。在蒸煮过程中，木质素、半纤维素、胶质及灰分等非纤维杂质溶解在溶液中，纤维被分离出来，洗涤后再用漂白剂或其他药剂进行处理，以去除残余的非纤维物质，纤维纯化后，再经洗净、烘干，就可得到纤维素浆粕。

2.黏胶纺丝溶液的制备

纤维素浆粕不溶于水和碱。为制取纺丝溶液，先将纤维素浆粕用烧碱溶液处理，烧碱与纤维素反应生成碱纤维素，将多余的烧碱溶液挤出后，再加入二硫化碳，此时碱纤维素与二硫化碳反应生成纤维素的磺酸盐。这种磺酸盐可以溶解于稀碱，再加入烧碱稀溶液，在不断搅拌中纤维逐渐被溶解，形成棕色黏稠透明的溶液。为避免和减少纺丝时断头，纺丝溶液需先经过过滤，去除其中的杂质和不溶物。为保证纺丝溶液的可纺性和质量，还要进行3次过滤，以彻底去除掉黏胶溶液中的杂质和不溶物。如果纺丝溶液中有气泡，会造成纺丝中的断头。因此，纺丝溶液还需经过脱泡处理，即在高真空状态下，将溶液中的空气泡抽出来；脱泡后的黏胶溶液即可送去纺丝。

3.纺丝与纤维成型

黏胶溶液被送到纺丝机，用计量泵将黏胶溶液稳定地按一定流量送到每一个喷丝组件。黏胶溶液在压力下定量从孔中挤出，喷丝帽浸于凝固浴之中。凝固浴中含有稀硫酸和硫酸钠等化合物，从喷丝帽中挤出的黏胶细流进入凝固浴中，烧碱被硫酸中和，纤维素不再溶解而凝固成丝条。由于纺丝连续不断地进行，丝条在凝固浴中停留的时间较短，丝条内部的黏胶尚处于液体状态，纤维素还未再生完全，因此还要将丝条通过第二浴，以使其完全凝固。同时，在此浴中，还要对纤维进行拉伸，这是因为拉伸可使纤维结构稳定并提高其强度。

4. 纤维的后处理

成型后的黏胶纤维含有来自凝固浴的酸和盐，还含有相当数量的硫化物，这些杂质可以通过水洗去除，纤维内部的硫化物需加入化学药品进行脱硫处理。为提高纤维的白度，常在后处理过程中进行漂白。纤维经上述处理并洗净之后，还要上油。这是一种专用的油剂，上油后能增加纤维的润滑性，减少纤维的静电效应，增加纤维的抱合力，以便后面的纺织加工。上油后的纤维经过切断机切成短纤维，切断长度可根据需要调节（一般棉型为38mm，毛型为65～100mm）。切断后，纤维被送至连续干燥机，纤维干燥后进行打包，打包后即为成品。如生产长丝则不需切断，后处理的丝筒经过干燥即为成品。

黏胶纤维用途十分广泛，不仅可以作为服装原料，丰富纺织品的花色品种，而且在民用、工业、医疗卫生等方面也有广泛用途。

（1）民用方面用途　可以纯纺，也可以与棉、毛、麻、丝及各种合成纤维混纺或交织。生产的各种织物，质地细密柔软，手感光滑，透气性好，穿着舒适；而且织物染色或印花后，色泽鲜艳，色牢度好，适于作为内衣、外衣及各种装饰织物。

（2）工业方面用途　用黏胶长丝制作的轮胎帘子线强度高，受热后强度损失小，价格低廉。采用丙烯酸接枝改性的黏胶纤维具有很高的离子交换能力，可用于从废液中回收贵重金属，如金、银及水银等。含有阻燃剂的纤维，其阻燃效果良好，可在高温和防火等领域得到应用。还可用于其他工业部门。

（3）医疗卫生方面用途　采用黏胶纤维可制成止血纤维、纱布、绷带及医用床单、被服等。

（4）其他方面用途　黏胶纤维可以单独或与其他纤维混合加工成非织造布；可制造特种纤维，如黏胶纤维在高温下经碳化和石墨化处理可得到碳纤维。这种纤维有很高的强度且质轻，可耐1000℃以上的高温，与环氧树脂制成复合材料后，可用于喷气式飞机和航天器的结构材料，以代替金属。由黏胶纤维与硅酸钠共纺的原丝，经特殊处理可制成陶瓷纤维和作为耐高温酚醛树脂的增强材料；还可用于火箭发动机、喷气式飞机喷嘴及航天器重返大气装置的隔热罩等。

（二）高湿模量黏胶纤维

普通黏胶纤维也存在一些严重的缺点，主要是在湿态时被水溶胀，强度明显下降，织物洗涤搓揉时易于变形（湿模量低）；干燥后易收缩（缩水率大），使用中又逐渐伸长，因而其尺寸稳定性差。为了克服普通黏胶纤维所存在的缺点，已研发出高湿模量黏胶纤维。这种纤维除具有较高强度、较低伸长率和膨化度之外，其主要特点是具有较高的湿强度和湿模量，因此有“高湿模量黏胶纤维”之称。该纤维不仅克服了普通黏胶纤维的缺点，而且其力学性能与棉纤维非常相似，故而有新一代黏胶纤维的美称。

高湿模量黏胶纤维可分为两类：一类为波里诺西克（polynosic）纤维，我国商品名为富强纤维；另一类为变化型高湿模量黏胶纤维，其代表是莫代尔纤维。

高湿模量黏胶纤维具有优良的纺织加工性，其纯纺和混纺织物具有良好的可整理性，可在一般设备上进行染色和整理。其与棉混纺产品较多，广泛用于制作针织服装和机织服装，如内衣、汗衫、背心、衬衫、裤子、便服和外衣等。

（三）醋酯纤维

醋酯纤维也是纤维素纤维的一种，所用原料与黏胶纤维一样。与黏胶纤维的不同在于，醋酯纤维是先将纤维素与醋酸（乙酸）进行化学反应，生成纤维素醋酸酯，然后将其溶解在有机溶剂中，再进行纺丝和后加工。这种纤维的化学成分是纤维素醋酸酯，故称之为醋酯纤维。

醋酯纤维的生产工艺流程如下。

浆粕开松→干燥→活化→纤维素醋酯化（与醋酸酐反应）→醋酯纤维素析出→洗涤→压榨→干燥→溶解→过滤→脱泡→纺丝→醋酯纤维。

醋酯纤维用量最大的当数内衬。职业装、内衣、裙子及裤子等常以醋酯纤维织物为内衬，能给人以高雅、轻盈、滑爽、柔软而舒适的感受。

20 世纪 80 年代后期以来，醋脂纤维及其混纺产品在女装领域继续得到青睐，其纯纺以及与黏胶纤维混纺交织的织物已成为晚礼服及职业装的流行品种，醋酯纤维与弹性纤维交织成的绉类织物是女式运动装和休闲装的流行面料；醋酯纤维与锦纶复合的长丝织物加工的染色或印花绸，质地轻薄，光滑凉爽，具有良好的悬垂性及透气性，可制作女式夏季服装、围巾等。

醋酯长丝织物色泽艳丽，耐光性好，适于作装饰绸，它多与锦纶长丝、涤纶长丝、真丝或黏胶长丝交织，宜制作窗帘、帷幕、台布、沙发罩及床罩等。

在工业上，醋酯长丝虽常用于制作商标、医用胶带等，但用量最大的还是用于生产高级香烟过滤嘴，用醋酯纤维生产的香烟过滤嘴对焦油、尼古丁等有害物质具有较强的吸附能力，过滤效果好。

（四）天丝

天丝是我国注册的溶剂型再生纤维素纤维（NMMO 纤维）中文名，它的英文名为 Lyocell。天丝与黏胶纤维同属再生纤维素纤维，由于黏胶纤维的制造工艺严重污染环境，在人们强烈呼吁清洁生产、保护生态环境、减少污染的今天，如何克服其污染环境的缺点呢？采用有机溶剂直接溶解纤维浆粕来生产纤维素纤维（天丝）的工艺方法较好地克服了这一缺点。天丝用溶剂法进行生产的工艺流程如下：

浆粕→粉碎→溶解→干、湿法纺丝 ↗ 水洗→脱水→烘干→络丝→长丝

浆粕→粉碎→溶解→干、湿法纺丝 ↘ 水洗→干燥→卷曲→切断→烘干→打包→短纤

（溶解 ↑ ← NMMO 的回收 ← 干、湿法纺丝 ↓）

天丝的生产过程是把木质浆粕溶于 *N*-甲基吗啉的氧化物中，经除杂后直接纺丝。采用此工艺进行生产，工艺流程短，从投入浆粕到纤维卷曲、切断，整个工艺流程约需 3h；而黏胶纤维或铜氨纤维的生产约需 24h。与其相比、天丝产量可提高 6 倍左右。更为重要的是，在天丝生产中使用的氧化胺溶剂对人体完全无害，几乎可完全回收（99.5%以上），可反复使用。生产中原料浆粕所含的纤维素分子不起化学变化，无副产品，无废弃物排出厂外，不污染环境，属于绿色生产工艺。其工艺特点是：生产过程没有任何化学反应；生产流程缩短，具有较高的生产效率；整个生产过程无毒、无污染；能耗低。天丝是一种新型的纤维素纤维，被誉为 21 世纪的“绿色纤维”，它具有如下优点。

① 具有纤维素纤维的所有天然性能，包括吸湿性好、穿着舒适、光泽好、有极好的染色性能和生物可降解性能，可在较短时间内被完全生物降解，不会造成环境污染。

② 具有较高的干、湿态断裂强度。

③ 可与其他纤维混纺，提高黏胶纤维、棉等混纺纱线的强度，并改善纱线条干均匀度。

④ 天丝织物的缩水率很低 由它制成的服装尺寸稳定性较好，具有“洗可穿”性。

⑤ 纤维的截面呈圆形，表面光滑，其织物具有丝绸般的光泽。

⑥ 天丝织物的后处理方法比黏胶纤维更广，可以得到各种风格和手感的织物；天丝也存在一定的缺点，如它易原纤化，摩擦后易起毛，呈现出桃皮绒感。

天丝产品与主要用途如下。

(1) 在服装服饰及家用纺织品方面 由于天丝产品具有柔软性、舒适性、悬垂性，飘逸性非常优良，可用于生产高档女衬衫、套装、高档牛仔服、内衣、时装、运动服、休闲服、便服等。由于其独特的原纤维化特性，可用于加工成具有良好手感和观感的人造麂皮。此外，由于其具有抗菌除臭等效果，还可用于制作各种防护服和护士服装、床单、卧室产品，包括床用织物（被套、枕套等）、毯类、家居服；毛巾及浴室产品；装饰产品，如窗帘、垫子、沙发布、其他饰物及填料等。

(2) 在产业用制品方面　由于纤维具有高的干、湿强度和较好的耐磨性，可用于制作高强、高速缝纫线。天丝非织造布可大量应用于生产特种过滤纸，具有过滤空气阻力小，粒子易被固定的特点；用于生产香烟过滤嘴时，能降低吸阻，同时提高对焦油的吸附性。在造纸应用方面，可提高纸张撕裂强度；在医用卫生方面，可用于制作医用纱布，易于清洁，消毒后仍能保持高强度且抗菌防臭。此外，其还可用于工业揩布、涂层基布、生态复合材料、电池隔板等。

六、生产木炭和活性炭

(一) 木炭

将麻碎片压紧，高温炭化，可生产低成本的优质木炭。

(二) 活性炭

生产活性炭的原料较为广泛，有植物、煤炭、石油等，其中麻杆也是优质原料之一。

活性炭的制造包括从原料中去除杂质、活化和后处理 3 个过程。在第一个过程中选择原料很重要，适用于活性炭生产的原料很多，选用时不仅要考虑原料的品位、活化的难易，而且还要考虑原料是否能大量供应，价格是否低廉等，因而能用于活性炭的原料会受到一定的限制。由于原料种类的不同，工艺条件、产品价格和用途也随之不同，因此原料的选择是非常重要的。第二个过程就是对所选用的原料进行活化。活化的第一步是首先去除原料中的杂质；第二步是活化，这是制造活性炭的关键工艺。

活化有两种方法。一是化学活化法，即将化学试剂加入原料中，在惰性气体或者氮气介质中进行热处理，同时进行炭化和活化。该法又可分为 3 种：氯化锌活化法；磷酸活化法；氢氧化钾活化法。二是气体活化法。该法首先对原料进行炭化，即含碳有机物在热的作用下发生分解，非碳元素以挥发形式逸出，生成富碳的固体热解产物形成发达的微孔结构。炭化温度一般为 600℃，活化温度一般为 800～900℃。其工艺流程如下。

水蒸气
↓
原料→炭化→筛选→活化→洗涤→干燥

气体活化反应的实质是碳的氧化反应，但这种反应并不是在碳的整个表面均匀地进行，而仅是发生在“活化点”上，即与活性剂亲和力较大的部分才会发生，如在微晶的边角和有缺陷位置上的碳原子。活化反应在活性炭细孔形成过程中会产生开孔作用、扩孔作用和某些结构经选择性活化而生成新孔。

第三个过程是后处理。该过程包括三个工序。第一个工序是成型，经活化后需要根据用途加工成不同的形状，如粒状或丸状活性炭、板状活性炭、纸状或布状活性炭、蜂窝状活性炭等。第二个工序是去杂。活化时加入某些催化剂（如碳酸钾），之后需要进行酸洗或水洗，这样可减少活性炭中钾、钠化合物的含量。采用水、盐酸或硝酸进行洗涤后可去除活性炭中的部分杂质。在精细化学品、药物、催化剂、催化剂载体等领域使用的活性炭，还需要进行特殊的洗涤，以保证活性炭处理后产品高质量的要求。为了提高活性炭的脱色力，可在800℃水蒸气中活化，而后在500～600℃、碱存在下进行空气活化。第三个工序是浸渍处理。活性炭的浸渍是针对特殊用途的一种后处理；也就是说，根据活性炭的不同用途进行与用途要求相应的特殊浸渍处理。

用于表征活性炭结构的指标有比表面积、细孔容积和孔径分布。活性炭的性能主要包括吸附性、化学性、催化性和力学性能等。其中，吸附性是评价活性炭的关键指标。活性炭的吸附性，包括物理吸附和化学吸附两种。活性炭的吸附性不仅取决于孔隙结构，而且也取决于化学组成。活性炭在许多吸附过程中还具有一定的催化作用，并表现出催化剂的活性。例如，活性炭吸附二氧化硫经催化氧化后变成三氧化硫。活性炭表面的含氧基团，可催化氯气和一氧化碳反应生成光气等。活性炭的力学性能包括粒度、表观密度或堆密度（指包含孔隙容积和颗粒间空隙容积的单位体积活性炭的质量）、强度（即活性炭的耐破碎性）和耐磨性这几个指标，这些力学性能直接影响活性炭的应用。活性炭的应用主要是利用其 吸附性和催化性，主要内容如下。

（1）用于气相吸附剂　用活性炭吸附气体是空气净化、除臭、回收产品等的一种重要方法。

（2）用于液相吸附剂　在液相吸附方面，食品工业可用于脱色和调整香味；水处理方面可改善水质；医药领域则可用于药剂脱色和净化（如青霉素生产等）。此外，在石油化工等方面都有广泛的用途。

（3）用于催化剂和催化剂载体　在活性炭中分为无定型碳和石墨碳，具有不饱和健，因而具有类似于结晶缺陷的表现。所以，在很多情况下，活性炭是一种理想的催化剂，特别是在氧化还原反应中更是如此。因此，活性炭在烟道气脱硫、硫化氢氧化、光气合成、氯化硫酰合成、酯的水解、臭氧的分解等方面都有广泛的应用。同时，活性炭具有很高的比表面积，因而也是一种理想的催化剂载体。

七、麻籽的综合利用

麻籽作为食品和油料，自古以来都有史料记载。其中，大麻籽的综合利用历史悠久而且比较成熟。大麻仁与其他植物相比，具有较高的营养价值，人体容易吸收的完全蛋白质含量很高，既含有维持人体均衡必需的脂肪酸，还含有具有潜在医疗功效的α-亚麻酸（ALA）和十八碳四烯酸（SDA）。因此，有人将大麻籽油誉为

"人体补充生命必需脂肪酸的新来源"。大麻籽是一种十分有营养价值的食品原料，可以用它制成各种各样、富有营养的食品直接食用。大麻仁中所含的油脂可用于加工成高档食用油食用，还可从中提取出保健和营养添加剂成分，提取之后的油脂还可以用来作为生物柴油和工业用油的原料。提取油脂后的籽粕则可以加工成蛋白粉，也可以将籽粕直接用来作为动物蛋白饲料使用。

蛋白质由 20 多种氨基酸组成，其中 8 种为人体所必需的氨基酸。因其在体内不能合成，称为必需氨基酸，包括异亮氨酸、亮氨酸、苯丙氨酸、蛋氨酸、色氨酸、苏氨酸、赖氨酸和缬氨酸。测试表明，大麻籽蛋白质中共含有 21 种氨基酸，其中人体所必需的 8 种氨基酸均在其中。

大麻籽油中还含有 14 种脂肪酸。对大麻籽油的分析表明，多不饱和脂肪酸含量高达 80%，是不饱和度最高的；而饱和脂肪酸含量仅为 10%左右，接近于日常食用植物油中饱和脂肪酸的最低含量。在大麻籽油中，亚油酸（LA）的含量为 50%～70%，亚麻酸（LNA）的含量为 15%～25%，二者比例 LA∶LNA≈3∶1。这个比例与人体所需完全一致，在常见的作物油中是独一无二的。因此，大麻籽油具有很高的营养价值。

大麻籽富含易被人体吸收的蛋白质、不饱和脂肪酸和多种矿物质等物质，可以加工成风味和营养独特的麻籽食品。大麻籽经过冷压加工提取油脂后，剩余的籽粕中含有大量的蛋白质、碳水化合物及少量油分，利用榨油后的籽粕可以加工成动物饲料。

在工业领域，大麻籽油特别适合于制造蜡、润滑剂、油墨、密封剂等。此外，大麻籽油还是很好的生物柴油制造原料。

第五节　传承和发扬麻产业文化，丰富服饰文化的内涵

中国是世界文明古国之一。我们的祖先在长期的劳动实践中创造了璀璨的中华文化。服饰文化作为中华文化的重要组成部分，是华夏大地各民族相互渗透及相互影响而形成的。它既是物质文明的结晶，又具有精神文明的丰富内涵。回顾历史，先人们从采集兽皮、草茎、树叶等系缚、悬挂、围裹身体，到形成遮风挡雨、护身暖体的服装，经历了难以计数的日日夜夜，终于艰难地迈进了文明时代的门槛，并由此创造了一个物质文明的世界。早在原始社会，人们就已经开始采集野生的葛、麻、蚕丝等，并且利用猎获的鸟兽羽毛，搓、绩、编织成为粗陋的衣服，以取代蔽体的草叶和兽皮，从此麻便形成了服饰文化的组成部分。

自改革开放以来，作为服饰文化一部分的麻文化得到了很大发展，中国的麻产品得到世界各国人民的喜爱。尤其是麻产品的原料为天然纤维，其抑菌杀菌的绿色

特性深受推崇，欧美等一些发达国家的人民喜欢穿着用麻织物作为面料的服装，盖麻面料被子，使用麻料物具，已形成了“麻潮流”，而且大有方兴未艾之势。由此在国内外纺织品市场出现一批久负盛名的麻类品牌产品，如：法国的爱马仕、意大利的阿玛尼和杰尼亚、中国的蒲牌、红英、阿尤、蓓斯迪尔、七色麻、北京麻世纪等，这些品牌为传承和发扬麻文化做出了自己的贡献，也为广大消费者提供了热门产品。

在传承和发扬麻文化的过程中，值得一提的是北京麻世纪流行面料研发有限公司（简称北京麻世纪）。该公司成立于2005年，是一家以成就客户为导向，服务于两千多家客户的专门从事设计、研发、营销的国家级高新技术企业。该公司以提高核心竞争力为发力点，自成立以来，在“中国流行面料”评比中年年入围，入围产品数量达近百款，其中“蔓布清香”“青花图”“青萝”等多款产品荣获优秀奖；连续获得“中国流行面料吊牌会员单位”“中国纺织行业最具影响力的知名品牌（企业）”等多项荣誉称号。该公司还在2016年、2017年获得8项由国家各大部委认证的“新产品、新技术”高新技术产品；2010年，国际最具权威的法国PROMOSTYL流行资讯公司在国内唯一选择北京麻世纪公司进行合作，奠定了北京麻世纪市场领头羊的地位。

在全民追求环保、健康、养生的生活主题下，麻服饰越来越受到广大消费者的欢迎。例如，北京麻世纪通过不断创新，发明、创造了玫瑰麤面料。玫瑰麤面料是以玫瑰花朵为原料制作的一种新型再生纤维素面料。该产品已获得国家发明专利，产品一上市，就受到消费者的热议。由此可见，它代表了麻制品的发展方向之一。随着社会的进步和人们生活水平的不断提高，麻服饰会受到越来越多人们的喜爱。伴随着麻制品不断壮大、发展的进程，丰富服饰文化内涵，更好地传播麻文化，对于广大麻行业人士而言，任重而道远。

[1] 李长年. 麻类作物（上编）[M]. 北京：农业出版社，1962.
[2] 陈维稷主编. 中国纺织科学技术史 [M]. 北京：科学出版社，1984.
[3] 陈维稷主编. 中国大百科全书（纺织卷）[M]. 北京：中国大百科全书出版社，1984.
[4] 李仁溥. 中国古代纺织史稿 [M]. 长沙：岳麓书社，1983.
[5] 赵承泽主编. 中国科学技术史·纺织卷 [M]. 北京：科学出版社，2002.
[6] 何堂坤，赵丰. 中华文化通志·纺织与矿冶志 [M]. 上海：上海人民出版社，1998.
[7] 赵翰生，邢声远，田方. 大众纺织技术史 [M]. 济南：山东科学技术出版社，2015.
[8] 顾名淦，汪家骏等. 麻纤维开发利用 [M]. 北京：纺织工业出版社，1993.
[9] 《织物词典》编辑委员会编. 织物词典 [M]. 北京：中国纺织出版社，1996.
[10] 《纺织品大全》（第二版）编辑委员会编. 纺织品大全 [M]. 北京：中国纺织出版社，2005.
[11] 张建春等. 汉麻综合利用技术 [M]. 北京：长城出版社，2006.
[12] 邢声远等. 纺织新材料及其识别 [M]. 北京：中国纺织出版社，2010.
[13] 新疆部队后勤部卫生部编. 新疆中草药手册 [M]. 乌鲁木齐：新疆人民出版社，1970.
[14] 邢声远，郭凤芝. 服装面料与辅料手册 [M]. 北京：化学工业出版社，2008.
[15] 邢声远，张建春，岳素娟. 非织造布 [M]. 北京：化学工业出版社，2003.
[16] 邢声远等. 纺织新材料及其识别 [M]. 北京：中国纺织出版社，2010.
[17] 邱新海，季卫坤. 时尚生活：麻世纪来临 [M]. 北京：中国纺织出版社，2012.
[18] 邢声远主编. 服装面料简明手册 [M]. 北京：化学工业出版社，2012.